物种战争

杨　静　倪永明　张昌盛　徐景先　毕海燕　李湘涛　杨红珍　李　竹　黄满荣 著

之 逐鹿中原

北京市科学技术研究院
创新团队计划
IG201306N
项目支撑

中国社会出版社
国家一级出版社★全国百佳图书出版单位

图书在版编目（CIP）数据

物种战争之逐鹿中原 / 杨静等著.
—北京：中国社会出版社，2014.12
（防控外来物种入侵·生态道德教育丛书）
ISBN 978-7-5087-4914-3

Ⅰ.①物…　Ⅱ.①杨…　Ⅲ.①外来种—侵入种—普及读物 ②生态环境—环境教育—普及读物　Ⅳ.①Q111.2-49 ②X171.1-49

中国版本图书馆CIP数据核字（2014）第292066号

书　　名：物种战争之逐鹿中原	
著　　者：杨　静　等	
出 版 人：浦善新	
终 审 人：李　浩	责任编辑：侯　钰
策划编辑：侯　钰	责任校对：籍红彬
出版发行：中国社会出版社	邮政编码：100032
通联方法：北京市西城区二龙路甲33号	
编辑部：（010）58124865	
邮购部：（010）58124848	
销售部：（010）58124845	
传　真：（010）58124856	
网　　址：www.shcbs.com.cn	
shcbs.mca.gov.cn	
经　　销：各地新华书店	
印刷装订：北京威远印刷有限公司	
开　　本：170mm×240mm　1/16	
印　　张：12.5	
字　　数：200千字	
版　　次：2015年6月第1版	
印　　次：2017年4月第2次印刷	
定　　价：39.00元	

中国社会出版社天猫旗舰店

中国社会出版社微信公众号

顾问

万方浩 中国农业科学院植物保护研究所研究员

刘全儒 北京师范大学教授

李振宇 中国科学院植物研究所研究员

杨君兴 中国科学院昆明动物研究所研究员

张润志 中国科学院动物研究所研究员

致谢

防控外来物种入侵的公共生态道德教育系列丛书——《物种战争》得以付梓，我们首先感谢北京市科学技术研究院的各级领导对李湘涛研究员为首席专家的创新团队计划(IG201306N)项目的大力支持。感谢北京自然博物馆的领导和同仁对该项目的执行所提供的帮助和支持。

我们还要特别感谢下列全国各地从事防控外来物种入侵方面的科研、技术和管理工作的专家和老师们，是他们的大力支持和热情帮助使我们的科普创作工作能够顺利完成。

中国科学院动物研究所张春光研究员、张洁副研究员

中国科学院植物研究所汪小全研究员、陈晖研究员、吴慧博士研究生

中国科学院生态研究中心曹垒研究员

中国林业科学研究院森林生态环境与保护研究所王小艺研究员、汪来发研究员

中国农业科学院农业环境与可持续发展研究所环境修复研究室主任张国良研究员

中国农业科学院植物保护研究所张桂芬研究员、周忠实研究员、张礼生研究员、

　　王孟卿副研究员、徐进副研究员、刘万学副研究员、王海鸿副研究员

中国农业科学院蔬菜花卉研究所王少丽副研究员

中国农业科学院蜜蜂研究所王强副研究员

中国农业大学农学与生物技术学院高灵旺副教授、刘小侠副教授

国家粮食局科学研究院汪中明助理研究员

中国检验检疫科学研究院食品安全研究所副所长国伟副研究员

中国疾病预防控制中心传染病预防控制所媒介生物控制室主任刘起勇研究员、

　　鲁亮博士、刘京利副主任技师、档案室丁凌馆员、微生物形态室黄英助理研究员

中国食品药品检定研究院实验动物质量检测室主任岳秉飞研究员、

　　中药标本馆魏爱华主管技师

北京林业大学自然保护学院胡德夫教授、沐先运讲师、李进宇博士研究生、

　　纪翔宇硕士研究生

北京师范大学生命科学学院张正旺教授、张雁云教授

北京市天坛公园管理处副园长兼主任工程师牛建忠教授级高级工程师、
　　李红云高级工程师

北京动物园徐康老师、杜洋工程师

北京海洋馆张晓雁高级工程师

北京市西山试验林场生防中心副主任陈倩高级工程师

北京市门头沟区小龙门林场赵腾飞场长、刘彪工程师

北京市农药检定所常务副所长陈博高级农艺师

北京市植物保护站蔬菜作物科科长王晓青高级农艺师、副科长胡彬高级农艺师

北京市水产科学研究所副所长李文通高级工程师

北京市水产技术推广站副站长张黎高级工程师

北京市疾病预防控制中心阎婷助理研究员

北京市农林科学院植物保护环境保护研究所张帆研究员、虞国跃研究员、
　　天敌研究室王彬老师

北京市农业机械监理总站党总支书记江真启高级农艺师

首都师范大学生命科学学院生态学教研室副主任王忠锁副教授

国家海洋局天津海水淡化与综合利用研究所王建艳博士

河北省农林科学院旱作农业研究所研究室主任王玉波助理研究员

河北衡水科技工程学校周永忠老师

山西大学生命科学学院谢映平教授、王旭博士研究生

内蒙古自治区通辽市开发区辽河镇王永副镇长

内蒙古自治区通辽市园林局设计室主任李淑艳高级工程师

内蒙古自治区通辽市科尔沁区林业工作站李宏伟高级工程师

内蒙古民族大学农学院刘贵峰教授、刘玉平副教授

内蒙古农业大学农学院史丽副教授

中国海洋大学海洋生命学院副院长茅云翔教授、隋正红教授、郭立亮博士研究生

中国科学院海洋研究所赵峰助理研究员

山东省农业科学院植物保护研究所郑礼研究员

青岛农业大学农学与植物保护学院教研室主任郑长英教授

南京农业大学植物保护学院院长王源超教授、叶文武讲师、昆虫学系洪晓月教授

扬州大学杜予州教授

上海野生动物园总工程师、副总经理张词祖高级工程师

上海科学技术出版社张斌编辑

浙江大学生命科学学院生物科学系主任丁平教授、蔡如星教授、

　　农业与生物技术学院蒋明星教授、陆芳博士研究生

浙江省宁波市种植业管理总站许燎原高级农艺师

国家海洋局第三海洋研究所海洋生物与生态实验室林茂研究员

福建农林大学植物保护学院吴珍泉研究员、王竹红副教授、刘启飞讲师

福建省泉州市南益地产园林部门梁智生先生

厦门大学环境与生态学院陈小麟教授、蔡立哲教授、张宜辉副教授、林清贤助理教授

福建省厦门市园林植物园副总工程师陈恒彬高级农艺师、

　　多肉植物研究室主任王成聪高级农艺师

中国科学技术大学生命科学学院沈显生教授

河南科技学院资源与环境学院崔建新副教授

河南省林业科学研究院森林保护研究所所长卢绍辉副研究员

湖南农业大学植物保护学院黄国华教授

中国科学院南海海洋生物标本馆陈志云博士、吴新军老师

深圳市中国科学院仙湖植物园董慧高级工程师、王晓明教授级高级工程师、

　　陈生虎老师、郭萌老师

深圳出入境检验检疫局植检处洪崇高主任科员

蛇口出入境检验检疫局丁伟先生

中山大学生态与进化学院/生物博物馆馆长庞虹教授、张兵兰实验师

广东内伶仃福田国家级自然保护区管理局科研处徐华林处长、黄羽瀚老师

广东省昆虫研究所副所长邹发生研究员、入侵生物防控研究中心主任韩诗畴研究员、

　　白蚁及媒介昆虫研究中心黄珍友高级工程师、标本馆杨平高级工程师、

　　鸟类生态与进化研究中心张强副研究员

广东省林业科学研究院黄焕华研究员

南海出入境检验检疫局实验室主任李凯兵高级农艺师

广东省农业科学院环境园艺研究所徐晔春研究员

中国热带农业科学院环境与植物保护研究所彭正强研究员、符悦冠研究员

广西大学农学院王国全副教授

广西壮族自治区北海市农业局李秀玲高级农艺师

中国科学院昆明动物研究所杨晓君研究员、陈小勇副研究员、

　　昆明动物博物馆杜丽娜助理研究员

中国科学院西双版纳植物园标本馆殷建涛副馆长、文斌工程师

西南大学生命科学学院院长王德寿教授、王志坚教授

塔里木大学植物科学学院熊仁次副教授

没有硝烟的战场

——《物种战争》序

　　谈起物种战争，人们既熟悉又陌生，它随时随地都可能发生。当你出国通过海关时，备受关注的就是带没带生物和未曾加工的食品，如水果、鲜肉……。因为许多细菌、病毒、害虫……说不定就是通过生物和食品的带出带入而传播的，一旦传播，将酿成大祸，所以，在国际旅行中是不能随便带生物和食品的。

　　除了人为的传播，在自然界也存在着一条"看不见的战线"，战争的参与者或许是一株平凡得让人视而不见的草木，或许是轻而易举随风漂浮的昆虫，以及肉眼看不见的细菌……它们一旦翻山越岭、远涉重洋在异地他乡集结起来，就会向当地的土著生物、生态系统甚至人类发动进攻，虽然没有硝烟，没有枪声，却无异于一场激烈的战争，同样能造成损伤和死亡，给生物界和人类以致命的打击。正因如此，北京自然博物馆科研人员创作的这套丛书之名便由此而就《物种战争》，既有"地道战""化学武器""时空战""潜伏""反客为主""围追堵截""逐鹿中原"，又有"双刃剑""魔高一尺，道高一丈""螳螂捕蝉，黄雀在后"。可见，物种战争的诸多特点展示得淋漓尽致。

　　我不是学生物的，但从事地质工作，几乎让我走遍世界，没少和生物打交道，没少受到这无影无形物种战争的侵袭：在长白山森林里被"草爬子"咬一次，几年还有后遗症；在大兴安岭，不知被什么虫子叮一下，手臂上红肿长个包，又痛又痒，流水化脓，上什么药也不管用，后来，多亏上海军医大一位搞微生物病理的教授献医，用一种给动物治病的药把我这块脓包治好了。有了这些经历，我深深感到生物侵袭的厉害，更不用说"非典"，"埃博拉"……是多么让人恐怖了！越是来自远方的物种，侵袭越强。

　　我虽深知物种侵袭的厉害，但对物种战争却知之甚少。起初，作者让我作序，我是不敢接受的。后经朋友鼎力推荐，我想，何不先睹为快呢，既要科普别人，先科普一下自己。不过，我担心自己能不能读懂？能不能感兴趣？打开书稿之后，这种忧虑荡然无存，很快被书的内容和写作形式所吸引。这套丛书不同于一般图书的说教，创作人员并没有把科学知识一股脑儿地灌输给读者，而是从普通民众日常生活中的身边事说起，很自然地引出每个外来入侵物种的入侵事件，并以此为主线，条分缕析，用通俗的语言和生动的事例，将这些外来物种的起源与分布、主要生物学特征、传播与扩散途径、对土著物种的威胁、造成的危害和损失，以及人类对其进行防控的策略和方法等科学知识娓娓道来。同时，还将公众应对外来物种入侵所应具备的科学思想、科学方法和生态道德融入其中，使公众既能站在高处看待问题，又能实际操作解决问题。对于一些比较难懂的学术概念和名词，则采用"知识点"的形式，简明扼要地予以注释，使丛书的可读性更强。

为了保证丛书的科学性，创作者们没有满足于自己所拥有的专业知识以及所查阅的科学文献，而是深入实际，奔赴全国各地，进行实地考察，向从事防控外来物种入侵第一线的专家、学者和科技人员学习、请教，深入了解外来物种的入侵状况，造成的危害，以及人们采取的防控措施，从实践中获得真知。

这套丛书的另一个特点是图片、插图非常丰富，其篇幅超过了全书的1/2，且绝大多数是创新团队成员实地拍摄或亲手制作的。这些图片与行文关系密切，相互依存，相互映照，生动有趣，画龙点睛，真正做到了图文并茂，让读者能够在轻松愉悦中长知识，潜移默化地受教育。

随着国际贸易的不断扩大和全球经济一体化的迅速发展，外来物种入侵问题日益加剧，严重威胁世界各国的生态安全、经济安全和人类生命健康；我国更是遭受外来物种入侵非常严重的国家，由外来物种入侵引发的灾难性后果已经屡见不鲜，且呈现出传入的种类和数量增多、频率加快、蔓延范围扩大、发生危害加剧、经济损失加重的趋势。这就要求人们从自身做起，将个人行为与全社会的公众生态利益结合起来，加强公共生态道德教育，提高全社会的防范意识和警觉性，将入侵物种堵截在国门之外。

如今，物种战争已经打响，《孙子兵法》说："多算胜，少算不胜，而况于无算乎！"愿广大民众掌握《物种战争》所赋予的科学武器，赢得抵御外来物种侵袭战争的胜利。

中国科学院院士
中国科普作家协会理事长

2014年10月于北京

引言

目录

"逐鹿中原"这个成语出自《史记·淮阴侯列传》。鹿,常用来比喻帝位、政权;中原,古代指黄河中下游一带,现泛指整个中国。逐鹿中原的原意是指群雄并起,争夺天下。而数目繁多的外来入侵物种与本地物种竞争时,像极了乱世时的群雄逐鹿。

原产于非洲的罗非鱼,现在已遍布我国南方的大小河流,完全把中国当成了自己的乐土;常在武侠小说中出现的神秘、奇幻的毒药曼陀罗也从印度来到了中国,在田间、道旁欣欣然摆动枝条,眉宇间却透露出舍我其谁的霸气;如瀑布般从篱笆、围墙倾泻下来的圆叶牵牛,绿叶油亮;紫色的喇叭花耀眼灿烂,远远看去,一派热情似火的主人翁架势,哪像是远涉重洋而来的美洲客人啊……更让人意想不到的是,我们已经习以为常,以为是土生土长的家庭害兽、害虫——俗称耗子的小家鼠和俗称蟑螂的美洲大蠊,前者原产于欧洲,后者则是来自于南美洲。这些外来入侵物种把战火烧到了中国,似乎都成了一方霸主。但随着人类的觉醒和环境的变化,各种生物还会在这个战圈中重新竞争。且看鹿死谁手。

尼罗罗非鱼

Oreochromis niloticus L.

罗非鱼在引进我国之后，经过人们几十年的潜心培育，品种改良，最后成为了个体大、味鲜美，连普通老百姓都消费得起的日常餐桌"当家鱼"。但是，由于在养殖过程中疏于管理，使罗非鱼在野生水域泛滥，也是现实存在的问题。因此，如何防控野外罗非鱼的扩散以及规范和管理罗非鱼的养殖，应当成为政府和科学家亟待解决的问题。

罗非鱼

改变生活的一条鱼

不知道时间过去多久了,老吴觉得有些累了,看看自己放在河里钓竿上的浮漂也没有动静,就摇轮收竿,收拾钓鱼的行头,慢慢从河里提出装鱼的网兜。看着刚刚露出水面就不停挣扎、蹦跳的鱼,都是罗非鱼,老吴忽然有种莫名的冲动,他提起网兜,一股脑儿地又把鱼倒回了河中。他喜欢吃鱼、喜欢钓鱼,自己还养鱼。他家几十个大网箱养的都是罗非鱼,但闲时他会走到僻静的河湾去钓鱼。他专门钓河里的野生鱼,兴趣盎然,多数时候或钓到一些鲫鱼,或者一些小的杂鱼,拿回家做一个清汤鱼,吃起来香甜、鲜嫩。他偶尔也会钓到黑鱼,就多放点姜蒜、酱汁,红烧,肉质筋道、瓷实。这几年不一样了,他想要的鱼几乎不见踪影,总是时不时地钓起来几条罗非鱼。天天吃罗非鱼,不咸不淡的,没了滋味,想想觉得越来越没有兴致,所以今天就提着空鱼兜回家了。

黑鱼

老吴从小就在这条河边、这个小小的村镇长大、生活。这里人均耕地很少,没有什么工业、矿藏等等,所以生活都比较贫困。就这么一条河,流过方圆几百里的山区,有这么一个稍大的平地,就成为散落在山里的小村的中心,成为一个镇。与村落不同的是,镇里有个卫生所、有个镇政府、有所中学,还有5天一次的集市,山村里的人可以来这里买点油盐酱醋。老吴有时候会把河里钓的鱼在集市上卖掉,补贴家用。他原来以为自己一辈子就是种地、卖菜,过着勤劳、平实、缓慢、有点清苦的日子。但就短短的20年左右,这个小镇发生了天大的变化:到处都是楼房,扩展了

怎么又是罗非鱼？！

老吴发现，只能钓到罗非鱼了

的街道上汽车、摩托车来回穿梭，孩子们玩着他从来没有见过的玩具……就是他自己也过上了从来没有想过的富裕生活，他家就不止一栋楼、不止一辆车，连手中的钓竿都是孩子从国外买来的名牌钓竿。谁也不会想到，他家的生活会因为一条鱼而改变。

这一切还得从20世纪80年代说起。

老吴所在的村子，是80年代中期开始养殖罗非鱼的，由水产站的技术员来村里进行指导，他家是最早的养殖户之一。那时候老吴勤劳能干，但在当时的环境下他无力改变家里的经济条件，因此当村里推广养罗非鱼的时候，老吴希望通过自己的努力，给家里多挣些收入，就成为了第一批参与的养殖户。技术员对罗非鱼的养殖进行了详细的介绍，虽然说得很好，但老吴毕竟是第一次养鱼，还是担心这鱼万一养不好怎么办，养好了卖不

红烧罗非鱼

烤罗非鱼

出去又怎么办，所以他只承包了一个鱼塘，并且不放弃原有的菜地，坚持种菜。

罗非鱼养殖条件要求不高，田边的小水塘略加扩大、改造，就变成了养鱼的池塘。鱼塘紧邻河边，缺水的时候，用个水泵，把河里的水抽过来就可以补水了。技术员指导他们给鱼塘消毒、放入鱼苗，喂养过程中观察鱼的生长状况，调整饲料的用量，等等。养殖技术简单、容易操作，养殖户们很快就掌握了。从5月份把不到50克的鱼苗放进鱼塘，开始养鱼，至10月大约500克的成鱼出售，养殖、销售都很顺利。罗非鱼在当时还是比较稀罕的外国鱼，其肉质比较细嫩，没有细刺，家常的清蒸、烧烤等烹饪方式都很鲜美、可口，价格还跟普通的鲤鱼、草鱼一样，很受百姓欢迎。

第一次牛刀小试，不到半年时间收入翻番，老吴和其他的养殖户都非常高兴。这次养鱼的尝试，让老吴认识到养罗非鱼是一个改变自己家庭经济状况的好办法，这坚定了他养鱼的信心和决心。他改变了思路，不再种菜，开始承包更多的鱼塘，养的罗非鱼不仅卖到镇里、县里，还卖到了周边的城市。

此后这个村养殖罗非鱼的人越来越多，村里的鱼塘、水库的网箱都养着罗非鱼，村里的养殖户都依靠罗非鱼富裕起来。

老吴所在的这个地区，人均耕地少，仅仅依靠农作物的种植，勉强能够维持温饱。工业、商业也不太适合发展，但有一条大河流经这里，年平均气温23℃左右，适于罗非鱼生长，因此政府把罗非鱼养殖当作重要的支柱产业之一，大力扶持。经过政府的推动，老吴所在的镇和周边地区连成一片，形成了生产、加工、销售的产业链，不仅在国内占有一定市场，而且在国际罗非鱼的销售市场上，销量也是逐年增长，大大促进了当地的经济发展，提高了百姓的生活水平。这个地区不再是20年前的贫困山区，而是国际上都小有名气的罗非鱼养殖、生产加工的基地。

在养殖过程中，老吴深深地体会到科学技术对他这个事业的帮助，他希望他的鱼养得更多、更好。他的孩子就是在他的鼓励下，考进了大学，学习水产养殖。现在他的孩子回到镇里，也把最新的技术、最新的市场信息带到镇里。这些拥有现代科学知识的年轻人，不仅推动了罗非鱼养殖的发展，也改变了山区的生活和观念。

老吴所在的村里发生的变化，只是养殖罗非鱼的地区的一个缩影，很多这样的养殖户都因为这一条并不起眼的、餐座上的鱼，走出了贫困、落后、闭塞的山区。

蓝色革命

老吴看到的只是他们一个村镇的富裕，其实养殖罗非鱼使很多不发达地区都富裕起来。在我国南方地区，这是一个很重要的产业。据水产部门统计，2002年，仅广东一个省，罗非鱼的养殖面积达4万公顷，产量达70.7万吨，占全国罗非鱼产量的40%，占世界的20%；2004年出口美国的罗非鱼创汇1.2亿美元。这就是罗非鱼产业的巨大魅力。

罗非鱼

当初联合国粮农组织（FAO）推广养殖生长快、肉质好、价格便宜的罗非鱼，目的是"可为贫穷农渔民解决蛋白源和脱贫致富"。那时罗非鱼被认为是"穷人的鱼""最低价的鱼"，主要在亚洲、非洲生产、消费。现在罗非鱼成为"全球最具消费需求和最有发展前景的养殖鱼类"，欧美以及阿拉伯等地罗非鱼的需求都在增加。

由于目前几乎海洋中所有重要的经济鱼类资源已经被极度地开发，有的甚至被捕捞殆尽，这就使得原来主要依靠捕捞、从大陆架获取人类必需蛋白质的水产业，不得不考虑把重心移向在人工控制下，更能保证数量和品种稳定的水产品养殖，这个转变被称为"蓝色革命"。

在这场"革命"中,我国的鱼类养殖十分活跃,尤其在新品种的引进方面,已经有不下几十个品种。可以说,我国是世界上养殖新品种引进最多的国家。然而,我国的养殖新品种引进,是在对引进的认识十分粗浅,引进手段和设施不完备,后续研究不充分的情况下进行的。因此,大多数新品种的引进盲目性、随意性很大,缺乏谨慎,工作草率,大多虎头蛇尾,只满足于五花八门、琳琅满目。有人这样来描述我国的新品种引进状况:见了就稀奇,新奇就"引进",引来就养殖,成败听自然。因此,我国引进的众多养殖新品种,大都在"热"过一阵之后就没有结果。引进一个,丢弃一个,最后所存无几,多数都只成为了引进新品种花名册上的一个空名。

广东东江——罗非鱼养殖地区之一

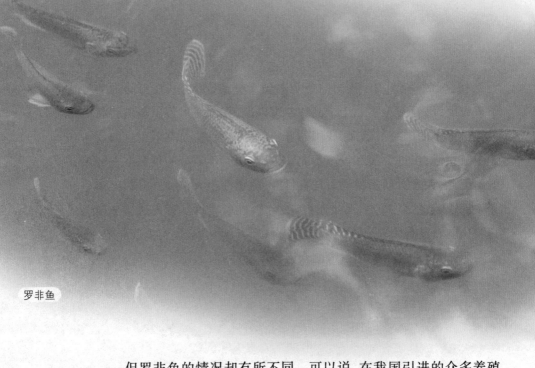

罗非鱼

但罗非鱼的情况却有所不同。可以说,在我国引进的众多养殖新品种中,罗非鱼是最成功的一例。

由于它抗病力强、食性广、成长快、繁殖力强,卵能自然受精并在雌鱼口中孵化,人工繁殖方法极为简便易行,在温水中一年能繁殖几代,不需要催产,而且环境适应性也强,对水质要求较低,在咸水和淡水都能生存,所以适合于池塘、水库、网箱、流水、工厂化等各种养殖模式,因而被广泛养殖,并深受养殖户的欢迎。为此,联合国粮农组织于1976年在日本召开的"水产增养殖会议"上,向全世界推荐作为养殖对象的罗非鱼。之后,它被热带、亚热带和温带众多国家引进养殖,并引起国际养鱼业界的重视。目前,世界上罗非鱼的产量仅次于鲤鱼,居第二位。有人甚至把它誉为人类动物蛋白质重要来源的"奇迹鱼"。

据记载,远在4000多年前,罗非鱼就开始被人类所养殖。现在,它已经成为全世界几十个国家和地区重要的养殖对象,已被养殖的罗非鱼大约在20种以上。我国大陆于1957年从越南引进了莫桑比克罗非鱼,填补了罗非鱼养殖的空白,当时称其为"越南鱼"或"安南鱼"。

从那时起,我国罗非鱼的养殖过程,大致经历了三个时期,先后引进的罗非鱼有近10种。

罗非鱼

第一个时期是从1957年到1978年的广泛试养期。这个时期以莫桑比克罗非鱼的养殖为主,养殖水平还比较低下,后来多次从泰国、埃及、日本等国引进不同品种的罗非鱼,其间虽然有过"大红""中红""大黑"等品种的短暂养殖,但不久就被相继淘汰了。1977年,广东从香港引入了由台湾培育的福寿鱼。它是雄性尼罗罗非鱼和雌性莫桑比克罗非鱼的杂交一代,具有明显的杂种优势,生长更快,不过当时尚未形成养殖规模。

第二个时期是从1978年到1985年的缓慢成长期,罗非鱼养殖业得到明显的进步。这是一个尼罗罗非鱼、福寿鱼和莫桑比克罗非鱼并存的养殖时期,其中尼罗罗非鱼是1978年由非洲引入的。后来,尼罗罗非鱼逐渐取代了莫桑比克罗非鱼和福寿鱼的养殖。在这个时期,大陆还在1981年从我国台湾引进了奥利亚罗非鱼,1995年又从尼罗河流域的苏丹引入了种质较纯的尼罗罗非鱼。

第三个时期是从1985年一直到现在,为罗非鱼养殖的快速推广期。尼罗罗非鱼已经基本取代了上述的两种罗非鱼,同时以尼罗罗非鱼、奥利亚罗非鱼以及奥尼鱼(奥利亚罗非鱼雄鱼与尼罗罗非鱼雌鱼的杂交一代)等各种杂种鱼的养殖也开始起步,经过多次引种、驯化、培育和试养,我国罗非鱼养殖技术日趋成熟。目前,我国已经成为世界罗非鱼生产大国,年产量居世界第一位,占据世界罗非鱼养殖和捕捞合计产量的1/3。

罗非鱼

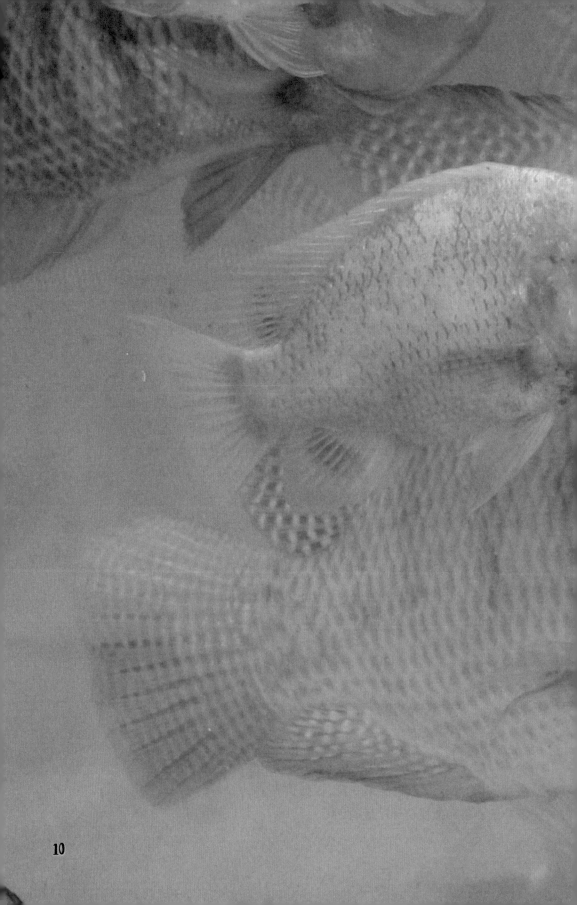

罗非鱼

罗非鱼 *Oreochromis* spp.广泛分布于非洲大陆撒哈拉沙漠以南、南非以北的淡水和沿海咸淡水水域。它的身体侧扁,长椭圆形,全长为10～25厘米。它的头中等大,吻短钝,口为前位。罗非鱼外形与鲫鱼有些相似,所以也叫口孵非鲫,但其实它并不是"鲫鱼",它在分类学上隶属于鲈形目丽鱼科。不过,"口孵"倒是名副其实。

原来,罗非鱼的生

罗非鱼

殖行为十分奇特。在繁殖期,发情的雄鱼体色变得特别鲜艳,它会选择适宜的场所,忙碌地挖窝筑巢。不用惊讶,筑巢从来都不是鸟儿的专利。雄鱼先摆动尾巴扫除水底的淤泥,再用嘴一口一口地衔出泥沙,往窝的四周

鲫鱼

罗非鱼

遇到危险时，刚孵化的幼鱼会躲进雌鱼的口中

堆放，直到形成一个直径约为体长的3～4倍、深度为体高的2～3倍的凹槽。在筑巢的过程中，如果遇到其他雄鱼或者其他鱼类进入领地，它就会高高竖起具有硬刺的背鳍，张口瞪目把它们驱赶出去。不过，当它发现在鱼群中有中意的雌鱼时，便立即前往逗引，将雌鱼引入"新居"。求偶像一场华尔兹，雄鱼雌鱼相互环绕，相互依偎追逐，如果对上眼了，它们最终会结成伴侣。雄鱼还不时地用吻或者身体触及雌鱼的腹部，促使雌鱼排卵。雌鱼产卵时，雄鱼一直陪伴在它的旁边。每当雌鱼产完一次卵，雄鱼便立即将精子喷射出来。这时，奇妙的事情发生了：雌鱼会迅速将精子和卵子一齐吸入自己的口腔里。这样的过程要重复5～6次以上，产卵过程才告结束。而雄鱼会离开这里，留下雌鱼独自孵育后代。

含有鱼卵的雌鱼下颌膨胀，以口吸水，让新鲜的水流通过口腔，使受精卵在口中不断翻动，以保障胚胎发育过程中氧气的充足。于是，受精卵就在雌鱼的口腔中逐渐孵化了。这个过程比较漫长，例如，当水温为25℃～30℃时，大约需要5～7天，幼鱼才孵化出来。刚出膜的鱼苗还比较嫩弱，所以仍然被雌鱼含在口中，继续抚育。再过5～6天之后，鱼苗的活动能力有所增强时，雌鱼才将小鱼吐出。但只

雄罗非鱼正在筑巢，用尾鳍清扫沙砾

要略有惊动，雌鱼又会将它们全部收入口内。就这样，一直到小鱼出膜10天以后，雌鱼才会"放心"让它的"宝宝"单独生活。

由于罗非鱼独特的繁殖习性，在它们最初被引进到我国台湾时，当地人认为相对于那些产完卵就离开的鱼类，罗非鱼对它们的后代的关爱显得尤为慈祥，因此把它们叫作"慈鲷"。在台湾，罗非鱼还有另外一个奇怪的名字——"吴郭鱼"。不过，这个名字与罗非鱼的生活习性完全没有关系。这个名字的由来是因为罗非鱼是在1946年由吴振辉和郭启彰两位先生从新加坡引入的，因此为纪念这两位先生的功劳，便取了他们的姓氏来命名了。在我国大陆的一些地方还把罗非鱼称作"越南鱼"，因为它最初是从越南引进的。只是这个名字全然没有了一点前面那些名字中或浪漫、或温馨、或寄托一些情感的味道。

罗非鱼为热带鱼类，共有100多种，目前主要的养殖品种有尼罗罗非鱼、奥利亚罗非鱼、莫桑比克罗非鱼、巨鳍罗非鱼、安氏罗非鱼、刚果罗非鱼等。由于它们还被广泛地进行各种组合的杂交实验，所以普通人想要将罗非鱼的种类分清楚，并不是一件容易的事。

在所有罗非鱼中，原产于非洲坦噶尼喀湖一带的尼罗罗非鱼 *Oreochromis niloticus* L.是体型最大的一种，也是被其他国家和地区所引进最为广泛的一种。它的身体比较短、背比较高，体色为黄棕色，上半部较暗，下半部转亮，呈银白色，喉、胸部为白色；有的个体全身呈黑色。它的体侧有黑色横带9条，分布于背鳍下方7条，尾柄上2条。尾柄上半部和鳃盖后缘有一黑斑。背鳍的边缘为黑色，背鳍和臀鳍上有黑色和白色的斑点。尾鳍终生有明显的垂直黑色条纹8条以上，尾鳍、臀鳍的边缘呈微红色。它的体色有时也因环境的变化而有适应性的改变。

尼罗罗非鱼适宜的温度范围是16℃～38℃，最适合它们生长的水温是24℃～32℃，特别是在30℃时生长最

罗非鱼

快。它属于广盐性鱼类，能适应较大盐度范围的变化，可以从淡水中直接移入盐度为15‰的海水中，反之亦然。尼罗罗非鱼一般生活于水的底层，但会随水温变化而改变，如早晨游向中、上层，中午接近水表层游动，傍晚在中、下层活动，夜间与黎明静止于水底。它的幼鱼喜欢集群游泳，成鱼遇到敌害时先跳跃后潜入水底软泥中，常露嘴于泥外而不动。

尼罗罗非鱼的食性很广，包括水中的昆虫、浮游植物、浮游动物、附生的藻类、有机

市场上常见的三种罗非鱼

红罗非鱼：尼罗罗非鱼和莫桑比克罗非鱼突变型种间杂交后代。它身体具美丽的微红色和银色小斑点，或偶有少许灰色或黑色斑块。红罗非鱼是罗非鱼中生长速度较快的一种，在广东和港澳地区很受消费者和生产者的欢迎。

福寿鱼：莫桑比克罗非鱼雌鱼和尼罗罗非鱼雄鱼的杂交种。它具有杂食性、疾病少、生长快和产量高等优点，但因体色黑和含肉率低影响其养殖的发展。

吉富鱼，又称奥尼鱼：尼罗罗非鱼雌鱼与奥利亚罗非鱼雄鱼的杂交种。它具有个体大、生长快、全雄率高、产量高等优点，但其子二代由于亲鱼不纯而失去养殖意义。由于其耐寒力较强(低温极限温度为8℃)，北方地区养殖比较多。

碎屑，甚至小鱼、小虾等，并可利用其他鱼类不能食用的蓝藻。在幼鱼期，它们几乎全部摄食浮游动物——轮虫卵、桡足类无节幼体和小型枝角类。随着个体的生长，它们逐渐转为杂食性。

尼罗罗非鱼初次性成熟的年龄为4~6个月，温度高、营养条件好，则生长快，成熟早，反之则成熟晚。初次性成熟时的体重为150~200克，雄鱼成熟稍早，个体也大。它一年可产卵2~4次，每次间隔30~50天不等，但个体之间的差异性很大，最短的产卵周期只有15天左右。尼罗罗非鱼的怀卵量，因个体大小而不同，例如，体重100克的个体，怀卵量为800~1000粒；体重200克的个体怀卵量为

1200～1500粒，最多可达2000多粒。尼罗罗非鱼的繁殖,除温度条件外,其他环境因素一般不会成为限制性条件。虽然在产卵前,雄鱼通常都要先挖坑做窝,但这个窝也并不是它产卵必需的条件。如果环境中不具备做窝的条件,尼罗罗非鱼也能正常繁殖。

尼罗罗非鱼不仅是罗非鱼中最大型的品种,营养价值亦高,而且肉厚色白、质嫩刺少、富有弹性、味道鲜美,据说其风味可与海洋中的鲷鱼类、比目鱼类相媲美。

重男轻女

罗非鱼有适应性强、食性广、耐低氧的特性,能够大大降低养殖成本和养殖的技术要求,只要在温度适宜的地区,主要是近热带的地区,淡水或者河流的入海口的地区都可以养殖。

另外,罗非鱼天然抗病力强,在饲养过程中死亡率比较低,尤其是一些传染性鱼病,一些鱼类感染以后会大面积死亡,导致当年的养殖投入血本无回,而罗非鱼能使这样的风险降到很低。此外,它在人工饲养的条件下生长较快，一般5～6个月就可以长成商品鱼出售，而其他养殖鱼类都在一年以上，这个优势也使它得到养殖业的青睐。

有人说，唯一让养殖者感到烦恼的是罗非鱼旺盛的繁殖能力。由于它一年能繁殖几代，这样，当一代成鱼达到商品鱼规格的时候，往往已是几代同"塘"的大家族了，给捕捞分拣造成很多麻烦，而且也给日常的养殖管理带来诸多不便，真是"美中不足"呀！

不过，科学家通过长期的研究实践，已经对罗非鱼成功地进行了品种改良，培育出养殖性状更优异的罗非鱼。

人们在养殖过程中发现，在同一种养殖鱼类中，雄鱼和雌鱼在生长率、个体大小、体型、体色等方面都有差异。比如我国的鲤、鲫、草鱼，雌鱼比雄鱼生长快，罗非鱼则相反，雌鱼生长慢，经过一年半的养殖，也难达到商品规格，而雄鱼的生长速度要比之快上2～3倍。在养殖生产中，由于这个现象，雌鱼、雄鱼如果混养，就会出现成鱼规格不整齐的问题。

于是，科学家马上想到：如果能够利用罗非鱼的这些差异，通过性别控制，进行有选择的单性别养殖，即多产雄性鱼苗，甚至进行雄性单养，不就能获取好的经济效益了吗？

科学家的这个想法就叫单性养殖。那么，下一个问题是，我们如何才能实现单性养殖呢？

科学家采用的是"性别控制育种技术"。目前，在性别控制制种方面主要采用的是人工诱导雌核发育、杂交和性激素处理等三种方法。不过，由于人工诱导雌核发育制种，获

罗非鱼性别分化实验

罗非鱼性别分化实验

得的是单雌性种苗,而罗非鱼要的是单雄性种苗,所以在罗非鱼单性制种上没有采用这一制种技术,而主要采用杂交和性激素处理。

第二种方式就是利用不同品种在性别遗传上的特点进行杂交。1960年,马来西亚学者西克林古博士发现,罗非鱼种间杂交可以获得单性鱼种。经过对人们养殖的不同种的罗非鱼配对杂交,西克林古博士研究发现,雄性奥利亚罗非鱼同雌性尼罗罗非鱼组合进行杂交,得到的子代雄性比例是最高的,可达到90%以上。之后,我国和世界上许多国家的科学家都开展了罗非鱼的杂交实验,验证了西克林古博士的成果。人们将这种杂交所获得的单雄罗非鱼称为奥尼罗非鱼。

奥尼罗非鱼是目前世界上罗非鱼养殖的明星品种,作为杂交鱼子一代具有全雄鱼的生长优势,亦具有杂交优势。第一,雄性率高,可达到83%~100%,平均在90%以上,对提高个体规格和群体产量极为有利,基本上能解决罗非鱼在养殖过程中繁殖过多的问题;第二,生长速度快,生长速度比母本鱼快17%~72%,比父本鱼快12%~24%,增产效果显著。

第三种方式是使用性激素诱导,这是鱼类性别控制最重要的研究领域和应用领域。性激素处理方法是使用类固醇等雄性激素或雌性激素作为起雄或起雌诱导剂,在它的作用下,进行人工性反转来获得全雄或全雌鱼。经过人工性反转的性别可能是永久的。性激素处理的具体操作有:直接添加到饲料中投喂、泡浸仔鱼鱼苗以及两者结合等三种方法。迄今,性激素处理技术已成功将雌雄异体的罗非鱼,诱导反转成全雄鱼种。罗非鱼在幼苗期通过药物控制可实现性别转化,使90%以上的罗非鱼为雄性。这种方法简便易行,已较为成熟,但也存在很多不足。例如,虽然在鱼的消化过程中激素的浓度将会降低，但过量地使用激素是否会使鱼产生一些不良反应，或是对养殖环境产生短期和长期的影响，以及对食用后的消费者的影响，还不是很清楚。因此在养殖中禁用化学用品呼声越来越高的今天，这种方法的发展余地不大。

鱼类生长还有一个特点，就是它们一旦性成熟，就会出现生长率下降、死亡率增加、体色变劣、肉质不佳等一系列问题。如果能让鱼类丧失生殖能力，这些问题就能迎刃而解。科学家为此研究培育了不孕鱼种，并取得了一定的效果。

几十年来，罗非鱼在科学家不懈进行品种改良培育的努力之下，品种性状更加优化，罗非鱼养殖因此长盛不衰。

不过，罗非鱼的养殖仍然存在着许多难以解决的问题。首先，由于我国尼罗罗非鱼和奥利亚罗非鱼引进时的基础种群都不大，有时还是从第三国引进的，所以存在遗传瓶颈问题。其次，引入我国的罗非鱼，由于种类繁杂，随意杂交，致使种质严重不纯。此外，很多养殖场都养殖一种以上的罗非鱼（尼罗罗非鱼、奥利亚罗非鱼以及它们的杂交种等），还有的虽然养殖的是同一种罗非鱼，但却是来源于不同地区，在不同时间引进的罗非鱼群体，等等。由于养殖场一般并不对不同种类或群体的罗非鱼采取严格的隔离措施，往往造成罗非鱼的种间或群体间的

罗非鱼实验鱼塘

21

随意杂交,致使我国养殖的罗非鱼群出现体色不一、生长速度减慢、抗病能力减弱等问题,已严重影响生产。

出鞘的双刃剑

对于罗非鱼来说,养殖场种群变化影响的是生产,但其实更大的危机是在野外。罗非鱼引入我国后,在养殖过程中,常有罗非鱼个体从鱼塘逃逸到野外进入当地自然水体。它们适应环境能力强,能生活于咸淡水及不同环境的水体中,因此可沿海岸线扩散到沿海及江河中,定居之后则对土著鱼类及水生态系统造成不同程度的影响。

目前,在我国广东、广西、云南和台湾等地,只要是养殖罗非鱼的地区,自然水域中都能发现罗非鱼的踪影,可见罗非鱼在这些地区已野化为常见种。对广东鉴江、韩江、潭江、西江、北江、东江、袂花江、漠阳江等水系的调查发现,在所有水系中均发现有罗非鱼,其中尼罗罗非鱼、莫桑比克罗非鱼、奥利亚罗非鱼等3种罗非鱼的分布最为广泛,而尼罗罗非鱼在东江的某些江段已经成为优势种。以上情况说明,在这些本不该有罗非鱼存在的自然水域中,罗非鱼已经战胜了当地的土著鱼类,成为优势种,改变了当地水域中鱼类的自然分布情况。

罗非鱼潜在的生态学风险很高。它是典型的"R"策略者,生长和繁殖速度快,能快速建立种群并形成外来物种入侵。杂食性的罗非鱼一旦来到野外,必将恢复其凶猛的习性,吃掉大量水中的食物,甚至其他鱼类的卵子。罗非鱼有强烈的领域观念以及独特的护幼习性,若有一定规模的群体流入到野外局部水体,其高频次的繁殖速度和有效的繁殖特性,保证了罗非鱼的后代很快在那里繁衍开来,并且种群的数量

罗非鱼幼鱼

云南西双版纳水域

也会快速增长。数量激增的罗非鱼群,自然就会在有限的水体中占据很大的空间和食物资源,并排挤相似生态位的鲤科鱼类等本地土著鱼类,从而在短时间内便可使该水体土著鱼类种群数量锐减甚至消失,且难以自然恢复。在水温较高的草型浅水湖泊(清水型湖泊),如果入侵的罗非鱼密度过高,就可能会导致沉水植被的退化,使其转变为以浮游植物为主的混水型湖泊,从而影响到各种水鸟的生存。

此外,罗非鱼还具有耐低氧及耐污染的本领。据调查,在农药含量较高的水渠和堆满垃圾的水池中均能发现罗非鱼的存在,而未发现其他鱼类能在这些地方生存。

国外关于因罗非鱼的入侵而造成恶果的情况已有很多报道。在非洲,卢旺达共和国儒洪多湖1935年引进罗非鱼,到1952年当地原有的3个鲤科种类基本消失;在南太平洋,瑙鲁共和国于1960年引进罗非鱼,到1979年罗非鱼便成为优势种,原有的虱目鱼消失;在中美洲,尼加拉瓜1959年引进罗非鱼,1995年当地的细小银汉鱼基本消失。

由于罗非鱼能摄食水草,它在许多国家也曾被作为控制水草的"能手"而引入一些水体,现在却在很多地方成为外来入侵物种。如在19世纪60年代,美国佛罗里达州引入奥利亚罗非鱼的最初目的就

美国佛罗里达州水域

是控制水草,后来罗非鱼便入侵到阿拉巴马州、佛罗里达州的各个水体。在美国,罗非鱼入侵较严重的地区还有加利福尼亚州的科罗拉多河、得克萨斯州的格兰德河及一些水草茂盛的水库。而美国亚利桑那州修建的亚利桑那中央运河也被认为是罗非鱼入侵亚利桑那州内陆水体的通路。在过去的10年中,罗非鱼,尤其是奥利亚罗非鱼被引入墨西哥,除了作为食用鱼养殖对象外,还作为休闲垂钓的一个新品种。不过,成为外来入侵物种的罗非鱼通过杂交、基因融合及捕食作用,现在已经危及许多墨西哥的本土特有种和濒危种。

令人遗憾的是,对于野外水域中的罗非鱼,人们至今还没有找到控制它们的办法。由于休闲性水族养鱼业的兴起,可以预计罗非鱼仍会继续扩散。有人已经建议用专门的诱食笼来捕捉它们。在生态价值高的湖泊,对它们进行清除已是迫在眉睫的事情了。

毫无疑问,罗非鱼在引进我国之后,经过人们几十年的潜心培育,品种改良,最后成为了个体大、味鲜美,连普通老百姓都消费得起的日常餐桌"当家鱼"。这个过程,凝结了广大鱼类学家、科技工作者、养殖生产者的大量心血。

但是,由于在养殖过程中疏于管理,使罗非鱼酿成了外来物种入侵的后果,这也是现实存在的问题。

正如前文中所提到的村镇,百姓的生活水平上去了,很多现在的年轻人和孩子们都在享受富裕起来的现代生活,他们不太关心也不太了解原来这片土地的模样。只有像老吴这样年纪的人,他们能够深刻地体会村镇的变化。当河里土生土长的鱼越来越少的时候,老吴钓鱼、捕鱼也少了乐趣,他心里有种莫名的难受,他的难受大多是对旧时生活的怀念。那时候,他知道原来河里鱼的种类,知道哪些鱼在河湾静水、哪些鱼在河滩的激流,知道春天山脚下河里什么鱼多、知道秋天田边河汊什么鱼肥。现在没有这些让他兴趣盎然的鱼了,因为无论他怎么做,大多数时候钓上来的都是罗非鱼。他怀念那些趣味。

对于学者和管理者来说,一方面考虑的是人类生活的需要、地方经济发展的需要,希望通过类似养殖罗非鱼这样的产业,促进发展;另一方面要考虑的是,如果这些产业使自然环境受到威胁,就可能发生重大的生态灾难,以及为防控外来物种入侵而花费的巨大人力、物力和诸多难以预计的后果,而这种结果就违背了发展这些产业的最初目的。

福兮祸兮,令人纠结不已。

(杨静)

深度阅读

李振宇,解焱. 2002. **中国外来入侵种**. 1-211. 中国林业出版社.

李家乐,董志国. 2007. **中国外来水生动植物**. 1-178. 上海科学技术出版社.

李家乐,李思发. 2001. **中国大陆尼罗罗非鱼引进及其研究进展**. 水产学报, 25(1): 90-95.

徐海根,强胜. 2011. **中国外来入侵生物**. 1-684. 科学出版社.

徐海根,吴军,陈洁君. 2011. **外来物种环境风险评估与控制研究**. 1-263. 科学出版社.

曼陀罗

Datura stramonium L.

曼陀罗的毒可以治病也可以致命,曼陀罗的花可以让人赏心悦目,也可以让农业经济作物减产,因此在有限的、可控制的范围内种植曼陀罗是可以的,任由其扩散、蔓延是万万不可的。万一发生曼陀罗入侵事件,当机立断要处理的第一件事就是要及时将它们清除。

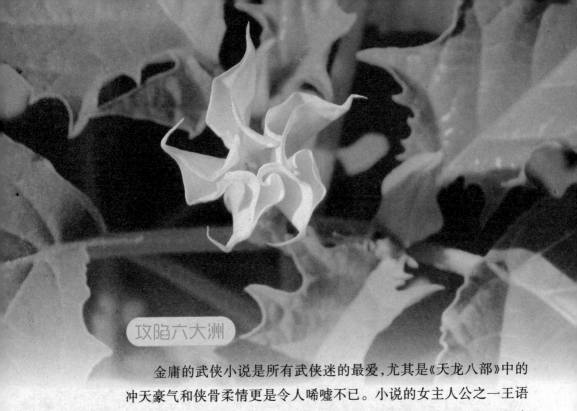

金庸的武侠小说是所有武侠迷的最爱,尤其是《天龙八部》中的冲天豪气和侠骨柔情更是令人唏嘘不已。小说的女主人公之一王语嫣的母亲,在其所居住的庄园中种满了山茶花,整个庄园由此显得浪漫幽美,恍若仙境。书中提到,山茶花又名"曼陀罗花",所以该庄园被称之为"曼陀山庄"。

遗憾的是,金庸先生在此犯了一个小小的错误:山茶花虽然有别名叫曼陀罗树,但是曼陀罗花却另有所指。山茶花的学名是 *Camellia japonica* L.,为隶属于山茶科的木本植物,其曼陀罗树的名称来自清康熙年间汪灏等人撰写的《广群芳谱》一书;而真正的曼陀罗花的学名是 *Datura stramonium* L.,为隶属于茄科的草本植物,两者相差不是一点半点。本文要讨论的植物正是后者,它又名醉心花、狗核桃、醉仙桃、疯茄儿、南洋金花、曼荼罗、满达、曼扎以及曼达等。

曼陀罗与佛教渊源颇深,是佛教中的四大吉花之一,另外三种分别是优昙华、莲花和山玉兰。佛经中存在不少关于曼陀罗的传说。其中一种传说是,释迦牟尼成佛之

荷花

山茶花

时，大地震动，天鼓齐鸣，发出妙音，天雨曼陀罗花，至此，释迦牟尼已成就菩提道果，遂开始立教收徒，传授他所证悟的宇宙真谛。

曼陀罗这一名称颇有诗意，散发出一种禅的意境。事实上，它正是由梵语音译而来，其释名又称风匣儿、山茄子。其梵语mandala意为坛场，因曼陀罗的花呈喇叭状，花瓣五裂，在未完全展开之前呈螺旋状向外伸展，仿佛小朋友手中的风车，甚是漂亮，而中央包裹着的正是它们的雄蕊和雌蕊，其景就像信众心中的宇宙图一般。

释迦牟尼佛像

事实上，*Datura*这一属名亦来自印度语dhatura，后者是曼陀罗属另一种植物的名字，即洋金花；而种加词*stramonium*来源于希腊语strychnos和maniakos，前者意指茄属的植物，后者意思为疯狂，正好与中文名的"疯茄儿"相应。这个学名乃植物分类学的祖师爷林奈所取，其用意为何，朋友们往下读自然便会知晓。

我这里再卖个关子：曼陀罗有一个比较罕见的英文名称叫"詹姆斯镇草"（Jamestown weed）。为什么会是这样的一个名称呢？我暂且将其搁下，待会儿再聊。

有些迫不及待的读者朋友可能会据此猜测，曼陀罗的原产地是个叫詹姆斯镇的地方。这种猜测当然不是毫无道理，但是离正确答案却相去甚远。曼陀罗的原产地在中美洲和南美洲的热带地区，如墨西哥、加勒比地区、哥伦比亚及委内瑞拉等地，而文中所提的詹姆斯镇位于美国东部沿海的弗吉尼亚州，并不在上述范围之内。

当然，詹姆斯镇后来有了这种植物，它们是通过什么样的途径来到这里的，我也不知道。事实上，不仅詹姆斯小镇

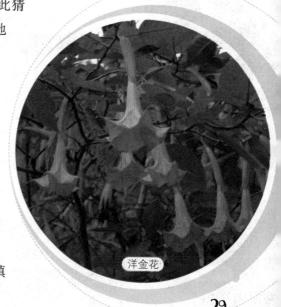

洋金花

曼陀罗

上有了曼陀罗，而且这种植物还在世界范围内的热带至温带地区都已经有广泛的分布，在美国、中国、澳大利亚、阿根廷、欧洲大陆和非洲大陆等地都能见到它们的身影。也就是说，除了南极洲之外，曼陀罗已经扩散到了其他六大洲。

在我国，曼陀罗在各个省区都已有分布，其中尤以华南诸省份为多。曼陀罗进入中国的时候很早，关于这一点，大家不妨仔细琢磨琢磨。《天龙八部》的故事发生在北宋时期，里面既然已经出现了曼陀山庄的名字，这就说明那时候我国应当已经有曼陀罗这种植物了，不然我们又会笑话金庸先生犯了关公战秦琼的错误了。

事实上，曼陀罗进入中国的时间的确不会晚于赵宋时期，这里且举一例为证。南宋周去非所撰《岭外代答》之花木门中提到曼陀罗花，言"广西曼陀罗花，遍生原野，大叶白花，结实如茄子，而遍生小刺，乃药人草也。盗贼采干而末之，以置人饮食，使之醉闷，则挈箧而趋。南人或用为小儿食药，去积甚峻。"由此可见，到南宋孝宗淳熙年间（1174—1189），曼陀罗在岭南一带已广有分布，且被不良之人用于做些不法之事，使人昏迷。

《水浒传》邮票——智取生辰纲

看过《水浒传》的朋友可能记得，书中有许多地方提到了蒙汗药的使用，如"智取生辰纲"一节，吴用等人在酒中加入蒙汗药，诱使杨志等人将其喝下。杨志虽然只喝了半瓢，但终究是"软了身体，挣扎不起"，眼睁睁地看着吴用等人将生辰纲弄走。由此可见蒙汗药的厉害。

那么，这些蒙汗药来自哪里呢？结合周去非所言，它们极有可能来自曼陀罗。现在，就让我们更深入地了解一下这种植物。

曼陀罗

浑身是毒

　　曼陀罗是一种一年生的直立草本植物，在热带很容易长到100～150厘米高，其分枝随意而散漫。叶片长8～20厘米，十分柔软，边缘具有不规则的波纹状浅裂，上表面深绿色，下表面浅绿色。根系长而粗，白色。其花单生于叶腋，呈喇叭状，长6～10厘米，花色白色到紫色，花期在每年的6～10月。曼陀罗的花是两性花，其雄蕊和雌蕊隐于花冠内，因为它们是自花授粉，所以并不需要借助外力。我们看到的花瓣通常十分整齐地折叠合拢在一起，这是因为它们是在晚上开放，彼时会释放出一种令人愉悦的芬芳气味，吸引夜行性的蛾子等昆虫前来拜访。开花大约1个月后，也就是在每年的7～11月份，开始结果。其果为蒴果，球状，直径介于3～8厘米之间，与果柄结合处具有十分明显的托盘状构造，表面具有坚硬的针刺，因此在英文中又有刺苹果（thorn apple）之称，但是有时果实表面也是光秃的。也许有人怀疑这两种情况代表了不同的种，其实不然，它们只是同位基因的显性和隐性的不同表现而已。果实成熟前为绿色，成熟后为淡黄色，分裂成规则的4瓣，释放出卵圆形的黑色种子。

　　在自然条件下，曼陀罗的种子通过鸟类进行传播。种子具有一层不透水的保护层，鸟类采食种子后，并不能将它们消化，因此种

曼陀罗花蕾　　曼陀罗花

子会随着鸟粪排出。这真是一种绝好的传播策略，因为鸟类不但帮它们传播到了新的环境中，还同时为萌发后的幼苗提供了肥料。种子的另一个传播途径是水流，但是其效率比鸟类要低不少。在农场

曼陀罗花

曼陀罗果实　　曼陀罗果实

附近生长的曼陀罗也有可能在人们收割庄稼的时候,把种子释放到谷物当中,人们在不经意间也会将这些混杂在谷物中的种子带走。种子到达新环境后,若没有合适的条件,它们就会潜伏在地下休眠,

成熟的曼陀罗果实和种子

静静地等待着机会的到来。有时这种等待可能需要好几年，甚至上百年。

有一个因素对于曼陀罗种子的休眠时长有重要的决定作用，那就是环境的扰动，尤其是人类对自然环境的干扰。在种子潜伏的地方，只要出现了环境的扰动，它们就会开始萌发，长出新植株。因此，如果你在翻修过的园子里发现了一株并不是你栽种的曼陀罗，请不要过于惊讶，因为它们的种子很有可能早已潜伏在你的园子里。不过，我倒是强烈建议你立即将它们连根挖出来，然后晒干。总之一句话，要将它们根除干净。

也许有人问了：你为什么这么憎恨曼陀罗呢，它不就是一株普通的植物吗？我的回答是：我并不憎恨它们，它们也不是一种简单的植物。曼陀罗是一种剧毒的植物，因此，我们虽然不恨它们，但是还是远离它们为妙。

曼陀罗全株有毒，其毒性物质主要是莨菪碱、阿托品及东莨菪碱等生物碱。

莨菪碱又称天仙子碱，除了曼陀罗外，它还普遍存在于其他许多植

曼陀罗

物中,如颠茄、北洋金花、天仙子等。东莨菪碱又称左旋天仙子碱,阿托品则是消旋莨菪碱,主要存在于曼陀罗体内。除了上述三种化学物质外,曼陀罗中还存在阿朴阿托品、降阿托品、曼陀罗素、曼陀罗碱、茵芋碱等其他生物碱,其总生物碱含量在开花末期达到最高,种子成熟后则迅速下降。

外来物种和外来入侵物种

外来物种是指在一定的区域内,历史上没有自然分布,而是直接或间接被人类活动所引入的物种。当外来物种在自然或半自然的生境中定居并繁衍和扩散,因而改变或威胁本区域的生物多样性,破坏当地环境、经济甚至危害人体健康的时候,就成为外来入侵物种。

这可能是曼陀罗的一种适应机制。总生物碱含量在开花时期增加,这样就可以防止动物采食,保护珍贵的花朵,使其能顺利传粉结实。等种子成熟后生物碱含量减少,这样动物就可以通过采食帮其传播种子。曼陀罗植株的不同部分毒性不尽相同,据《中国有毒植物》记载,其果实和种子毒性最大,嫩叶次之,干叶毒性又次之。

人误食曼陀罗的茎叶、果实和种子后,在30分钟之后就会出现头晕慵懒、眼皮重、昏昏欲睡、口干舌燥、吞咽困难、体温升高而手脚发冷、肌肉麻痹、产生幻觉等症状,严重者则陷入昏迷,呼吸减弱,最后死于呼吸衰竭。除人以外,家畜和其他动物吞食曼陀罗后也会中毒,尤以猫为敏感,牛马次之,绵羊再次之。

关于曼陀罗可以引起人幻觉的毒性,有一个很有名的例子可以说明它。1676年,弗吉尼亚的移民在纳旦尼尔·培根(Nathaniel Bacon)的领导下反抗总督威廉·伯克利(William Berkeley),并占领了

猫

詹姆斯镇发了疯的英国士兵

　　詹姆斯镇。英政府派遣了士兵前来镇压,结果被培根的人在士兵的食物中偷偷地加入了曼陀罗。幸好这次他们加的量并不是很大,并没有士兵因此死亡,但是却足够让他们发上一阵疯。据记载,"一个士兵将羽毛一根根地吹到空中,而另一个士兵则非常愤怒地用麦秸掷向这些羽毛;还有一个士兵赤身裸体地坐在角落里,像只猴子,对着其他人傻笑和扮鬼脸;第四个士兵则去吻他的同伴,并用手去抓他们……如果没人阻止,他们甚至会吞下自己的粪便。"这种情况一直持续了11天,士兵的神志才恢复过来,不过他们对发生过的事情却一点也记不起来了。曼陀罗也因为这次颇有喜剧效果的插曲而得名"詹姆斯镇草",后来又演变成"吉姆森草"(Jimson weed)。读到这里,你应该弄清楚它和"詹姆斯镇"的关系,以及为什么会被称为"疯茄儿"了。

　　如果说英国士兵和《水浒传》中的杨志等人是受他人暗算而被动中毒,那么在现实生活中也有不知情的人主动采食曼陀罗而中毒的事件发生。2000年夏天,河南开封县的一位村民从田间挖野菜(马齿苋)回家做包子吃,不巧其中夹杂了一些曼陀罗的幼苗,在洗菜做馅的时候未能发现它们,致使全家人均发生中毒,躺在院子里吼叫,甚至将自己的衣服扒掉,与当年詹姆斯镇发生的情况并无二致。

天使和恶魔

中毒事件是曼陀罗给人类带来的伤害之一。人类自身可以通过学习和宣传知道曼陀罗的危害,但是对于其他动物来说,了解曼陀罗的毒性却非易事。因此,曼陀罗的潜在危害就会更严重。在它的原产地,当地的动物们与曼陀罗经过漫长的协同进化,它们的基因中已经深深地烙上了"曼陀罗有毒"的信息,因此它们自然会主动避开,以免中毒。但是在新的生境中,动物们并不清楚曼陀罗的毒性,它们不但不知道应当避开,甚至有时还会认为是一种新的食物来源;或者曼陀罗混在其他食物来源中,从而导致动物误食其花草茎叶而发生中毒现象,在食物短缺的时候这种情况会更明显。

可怕的是,曼陀罗体内的毒性即使在其干枯后也依然存在。另外,正如前文所述,在收割庄稼的时候,曼陀罗的种子很容易混杂在庄稼的种子中,非常难以发现和分离。对于高粱种子来说,情况更是

高粱

在收割庄稼的时候,曼陀罗的种子很容易混杂在庄稼的种子中,非常难以将其发现和分离,对于高粱种子来说情况更是如此,因为它们种子的大小相差无几

曼陀罗

如此，因为它们种子的大小相差无几。因此，为了避免人畜中毒，我们应当在自家花园、种植园和庄稼地中发现它们的第一时间就将其移除。《小王子》一书中的主人公，那位忧伤的小王子，就深刻地认识到了及时拔除这类杂草的重要性，虽然他要拔除的是猴面包树幼苗，而非曼陀罗。

最棘手的情况是曼陀罗出现在了牧场。我们可以天天到花园和庄稼地中照料那里的花草和农作物，但是面积广阔的牧场不容许我们这样做。因此，它们很容易躲过人们的检查，而混杂在牧草中的曼陀罗极易使牲畜中毒。

不过，古人已发现，"以毒攻毒"的方法可以缓解小剂量的曼陀罗中毒昏迷症状。我们曾在中学的历史书中学过，北宋的沈括撰写了一本科学著作，叫《梦溪笔谈》。除此之外，这位老先生后来还写了一本大多数人不太了解的《补笔谈》，在该书里他提到，人中毒昏迷之后可以通过吃"坐拿草"使其苏醒。大家至今也没弄清楚"坐拿草"是何方神圣，但是，现代研究已经证明，毒扁豆种子中的一种毒扁豆碱的确可使被曼陀罗花麻醉的人很快苏醒。沈括之言当是不虚。

北宋科学家——沈括

40

曼陀罗对入侵生境中的第二个不良影响是与当地物种竞争资源，这一点也是我们人类重点关注的内容。由于曼陀罗的竞争，会引起当地农作物的减产。即使曼陀罗生长的地方与农作物有一定的距离，这种影响仍然存在，只不过影响程度视农作物的品种不同而不同。例如，在美国，曼陀罗的竞争使得棉花减产了56%，但是大豆的减产则没有那么明显，大约为16%，这表明大豆的竞争力相对棉花要更强一些。

棉花

大豆

作为茄科植物的成员，曼陀罗还是其他茄科植物病原菌和害虫的替代寄主，如烟草夜蛾、马铃薯块茎蛾等诸多害虫和60余种病原菌。因为曼陀罗的存在，防治这些害虫和病原菌难度增加了不少。

当然，曼陀罗并非一无是处。它们的花非常漂亮，尤其是花展开之前，它们仿佛是一条经过精心折叠的纸巾，令人爽心悦目。因此，在许多地方都种植曼陀罗作为观赏或装饰用。

曼陀罗体内的莨菪碱、阿托品和东莨菪碱等代谢产物虽然有毒，但是如果应用得当，却可以成为宝贵的药品，用于治病救人。例如，这些化学物质可用于治疗各种肺水肿、成人呼吸窘迫综合征、小儿重症肺炎并发心功能衰竭、小儿急性坏死性肠炎以及有机磷农药中毒等疾病。事实上，古人对曼陀罗的医用效果早有认识，在做外科手术时往往先用曼陀罗麻醉病人。据李时珍《本草纲目》记载，"八月采此花，七月采火麻子花，阴干，等分为末，热酒调服三钱，少顷昏昏如醉。割疮灸火，宜先服此，则不觉苦也。"此外，书中还介绍曼陀罗可用于治疗面

曼陀罗紫色花

上生疮、小儿慢惊风等病。除中国外，世界各地也都有以曼陀罗入药的传统。

曼陀罗的另一个用途也跟其毒性有关。这就是利用它们作为杀虫剂。曼陀罗茎叶和种子的提取物对农业害虫，如蚜虫、玉米螟、黏虫、稻螟、红蜘蛛、小造桥虫、棉蚜等都有不错的杀灭效果。此外，曼陀罗的水浸提取液也有抑菌作用，其抑制对象包括大肠杆菌、金色葡萄球菌、曲霉和青霉等细菌和真菌。

曼陀罗虽然有这些方面的用处，但是除了大家可以自行种上少量几株用于观赏之外，强烈建议大家不要擅自利用它们来治疗疾病以及扑杀虫害，有问题最好找专业机构处理。而且为了防止这种有毒植物扩散，凡是种植曼陀罗用于欣赏目的的个人或团体，都应当自觉地在其种子成熟之前将其拔除，或者至少也要将其果实摘除。预防总是第一位的。

万一发生曼陀罗入侵蔓延事件，当机立断要做的第一件事就是要及时将它们清除。目前，处理的方法不外乎三招：机械排除、除草剂及生物防治。后两者效果不是很好，有些地方的曼陀罗也出现了能够耐受除草剂的变异种。因此，只好大家辛苦点，动起手来，将它们拔除干净。

（黄满荣）

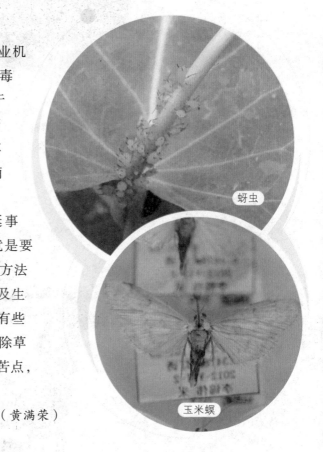

蚜虫

玉米螟

深度阅读

李振宇, 解焱. 2002. 中国外来入侵种. 1-211. 中国林业出版社.

田家怡. 2004. 山东外来入侵有害生物与综合防治技术. 1-463. 科学出版社.

徐海根, 强胜. 2011. 中国外来入侵生物. 1-684. 科学出版社.

万方浩, 刘全儒, 谢明. 2012. 生物入侵：中国外来入侵植物图鉴. 1-303. 科学出版社.

美洲大蠊

Periplaneta americana (L.)

　　预防是防治蟑螂的关键，人们要尽可能地防止蟑螂从外界侵入到室内。蟑螂进入室内的途径主要有两条：一是随同食品容器、行李货物等"乔迁入室"；二是从户外或邻居家经门窗、墙壁的缝隙、水电管线、下水道等处潜入。

　　因此，平时搞好厨房、住宅卫生，堵塞沟缝孔隙，是十分必要的。

传说中的"小强"

"小强"作为蟑螂的替代词，颇为流行，常常被用来自嘲，表示虽然渺小，但是很顽强。其实，关于"小强"的强大确实有不少版本的传说，例如："小强"几乎什么都能吃；"小强"忍受核辐射的能力比人类强100倍；"小强"在水下至少可以活上30分钟；"小强"在100℃的开水中可以活很久；"小强"没有头仍然可以活上好几天……这些就是网上流传的蟑螂为啥叫"小强"的劲爆理由。虽然大多数并没有经过严格的科学实验，但从这些字眼中可以看出人们对其顽强生命力的认同。

有趣的是，"小强"这个叫法为大众所知，是由于周星驰电影的热映。在1993年的电影《唐伯虎点秋香》中，他所饰演的唐伯虎为进入华府当杂工而假扮卖身葬父的可怜人，还把身旁不小心被踩死的蟑螂称作"小强"，并视为多年饲养的宠物而为之哭泣。

其实，"小强"、蟑螂都是蜚蠊目昆虫的俗称，民间还称它为"偷油婆""黄贼""灶马子"等。

蟑螂化石

2001年，美国科学家在俄亥俄州东部一个煤矿里发现了一块化石，大约形成于3亿年前，可以清楚地看到琥珀里面包裹着一只完整的蟑螂。科学家据此推测，蟑螂起源于3亿多年前的石炭纪，是地球上最古老的昆虫之一，比恐龙的出现还要早数百万年。更加令人不可思议的是，几亿年来，蟑螂的外形没什么大的变化,化石蟑螂与现在各家橱柜中的并没有多大的差别。但它的生命力和适应力却越来越顽强,一直繁盛到今天,广泛分布在世界的各个角落。

现在世界上的蜚蠊目昆虫共有5000多种,我国有250多种。与人们通常的印象不同,蟑螂其实大多数营野栖生活,只有少数栖息于室内。近年来,许多蜚蠊目昆虫也被人们当作宠物饲养,如杜比亚蟑螂、马达加斯加发声蟑螂等。可见,人们对蟑螂的态度也很纠结:它让一些人作呕,它又让另一些人垂涎;有人视之为魔鬼,唯恐避之不及、杀之不尽,有人视之为心肝宝贝,恨不得不离不弃、同床共枕……

"小强"足够"坏"

人们通常所说的蟑螂,自然是在饭店、家庭厨房等处出没的那些很难治理的卫生害虫。目前世界常见的室内蟑螂只有不到20种,其中与人类关系密切的主要是美洲大蠊、澳洲大蠊、褐斑大蠊、黑胸大蠊、日本大蠊、德国小蠊和东方蜚蠊等。这些蟑螂虽然大多在我国广泛存在,但它们并非我国的土著物种,而是外来入侵物种。因此,它们也是我国海关、口岸检疫重点监测的病媒昆虫之一。

马达加斯加
发声蟑螂

杜比亚
蟑螂

被当作宠物的蟑螂

蟑螂是多种传染病的祸首,也是藏污纳垢的"菌"王——携带多种病菌。由于它的侵害面广、食性杂,既可在垃圾堆、厕所、盥洗室等场所活动,又可取食食品,因而它们可携带多种对人及动物致病的病菌,其中重要的如传染麻风病的麻风分支杆菌、传染腺鼠疫的鼠疫杆菌、传染痢疾的志贺氏痢疾杆菌、引起疮疖的金黄色葡萄球菌、引起尿道感染的绿脓杆菌、引起泌尿生殖道和肠道感染的大肠杆菌,以及引起呼吸道传染病的多种沙门氏菌,如乙型伤寒沙门氏菌、伤寒沙门氏菌等。此外,有人还曾从蟑螂体内分离出了耶尔森氏菌、副霍乱弧菌、变形杆菌等。

澳洲大蠊

德国小蠊

虽然蟑螂携带多种病原体，但一般认为病原体在它们体内不能繁殖，属于机械性传播媒介。可以改造一句广告词：蟑螂不生产病原体，它只是大自然的搬运工。

实际上，蟑螂对于自身的清洁十分在意。蟑螂的感觉主要靠触角、尾须和遍布全身的细小的感觉毛，保持这些感觉毛的清洁，对蟑螂来说十分重要。事实上，甚至可以说它们有"洁癖"，因为一天中除去觅食、交配的时间，它们都用来清洁身体。如果有机会近距离观察蟑螂，常常会看到它们认真仔细地把长长的触角一节一节地用口清理。

"小强"虽然目前已经遍布我国的各个角落，但历史上它并不算"强大"。在我国古代的《左氏春秋》里，有"蜚不为灾，亦不书也"的记载。也就是说，蟑螂那时候还是不值得一提的"小虫子"。随着我国农业生产的发展，人们物质生活的丰富，特别是全球贸易的盛行，给蟑螂在人类居所的繁盛创造了前所未有的机遇。原本在野外做"清洁工"的蟑螂，逐渐发现人类的居所里有更多的"垃圾"需要打扫。于是，在几个世纪之前，随着交通运输工具和商贸业的不断发展，它们被逐渐带到世界各地，成为世界上最成功的"商业旅行者"之一。

蟑螂的扩散有两种方式，即主动扩散和被动扩散。不过，尽管蟑螂爬行能力很强，也能在洪水泛滥时成群地顺水迁移，寻找适宜的新处所，但是蟑螂的广泛分布更主要的是被动扩散的结果，尤其是火车成为蟑螂扩散的最主要的交通工具。旅客以及随身携带的包裹、行李、托运的货物等，都可能把蟑螂带上火车。之后，火车上的蟑螂就可能被旅客和货物带到各个地方。此外，飞机、轮船等，也是蟑螂喜欢"乘坐"的主要交通工具。

原产于南美洲的美洲大蠊*Periplaneta americana* (L.)就是通过上述的途径来到我国的，现在它已经是我国室内最常见的家居害虫之一，特别是在我国的浙江、江苏、上海、武汉、江西、北京、辽宁、黑龙江、陕西、河北、台湾、福建、广东、广西、四川、云南、贵州、海南等地广泛分布。

"小强"生命力强

美洲大蠊雌成虫体长为37～38毫米，雄成虫比雌成虫略小，体长为33～34毫米，体色赤褐、棕红至黑褐。在它的前胸背板后缘有较宽的黄白色带状纹一条，中央有一块较大的暗色蝴蝶状斑块，这个特点可以作为美洲大蠊的识别特征。它的身体呈长卵圆形而扁平，有利于它躲进很窄小的缝隙中。头向下弯，隐于前胸下，活动自如，口器的尖端指向后方，而不是像大多数昆虫那样指向前方或下方。雌雄虫之间的区别还是比较明显的：雄虫通常有两对翅，而雌虫常为无翅或翅退化；雌虫腹部比雄虫宽，有尾须一对，而雄虫有尾须两对，腹部末端生有性刺一对；若虫初孵化时身体为灰棕色，慢慢生出翅芽；雌若虫腹部第9腹

客机的厨房

飞机机舱

卧铺车厢

蟑螂扩散的交通工具

火车餐车

49

触角上的感觉毛

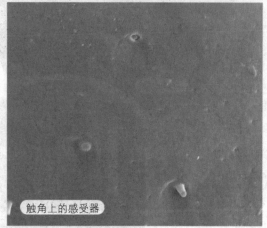

触角上的感受器

美洲大蠊电子显微镜图

板后缘有一较深的中陷，雄若虫仅有凹陷。

美洲大蠊的感觉异常灵敏，它有一对复眼和一对单眼，其中单眼主要用来感知光线，是它的"夜视镜"。它最灵敏的感觉是触觉。它拥有两条各有100多节的鞭状触角。在电子显微镜下，它的触角上密被感觉毛和感受器。喜暗怕光，昼伏夜出，这是美洲大蠊的一些重要习性。白天它们都隐藏在阴暗避光的场所，如室内的家具、墙壁的缝隙、洞穴中和角落、杂物堆中。一到夜晚，特别在灯闭人睡之后才出外活动，或觅食，或寻求配偶。因而，在一天24小时中，它约有75%的时间都是处于休息状态。而当人们休息时，它就出来举行盛大的Party了。

美洲大蠊通常喜欢组成数量庞大的蟑螂大军，甚至还常与其他蟑螂，如黑胸大蠊、德国小蠊等共同生活在一起。在任何一个地方，美洲大蠊总是少则几个，多则几十、几百个聚集在一起，这主要是由其直肠垫所分泌的一种"聚集信息素"起到的诱集作用。这种信息素可随它的粪便排出体外。在美洲大蠊栖居的地方，常可见其粪便形成的棕褐色粪迹斑点，这种粪迹越多，聚集的蟑螂也越多。由此可见，在蟑螂防治中，搞好卫生、清除蟑迹是一项重要的措施。

美洲大蠊不仅具有大多数昆虫所共有的防御能力，还有它自己的特殊性——存在"免疫记忆"现象。它的免疫系统有记忆力，即第二次被攻击时，免疫蛋白活性高，出现早，持续久，能避免重复感染，并能针对细菌可溶性毒素和外部植入组织作出相互独立的免疫反应。

美洲大蠊不挑食，几乎吃人类产生的一切垃圾——包括荤素食品、残羹剩饭，到书籍、药材、衣物、头发、肥皂、皮革、纤维织品，乃至电缆电线和破旧的老唱片等。因此，工厂产品、店中商品、文物藏品以及家中食物等，都可因美洲大蠊的咬食或污损造成经济损失。此外，还会因它的侵害导致电脑、通信设备等出现故障，造成事故。因此也有人称它为"电脑害虫"。不过，它虽然不挑食，但是也有偏好，比如偏好脂肪类食物，所以"偷油婆"也算是实至名归。

水对蟑螂的生存比食物更为重要。蟑螂能耐饥而不耐渴。美洲大蠊在只给干食不给水的情况下，雌虫只能存活40天，雄虫只能存活27天。反之，如果有水无食，则雌虫能存活90天，雄虫能存活43天。当处于恶劣的环境条件下，无食又无水时，

美洲大蠊经常会骚
扰人类的正常生活

美洲大蠊也会发生同类互相残食的现象,大吃小,强吃弱。特别是刚刚蜕皮的个体,不能活动,表皮细嫩,就成了竞相争食的猎物。

吃嘛嘛香的美洲大蠊,身体自然也是倍儿棒。它的身体富含脂肪,这使得它可以一个月不进食而安然无恙。说起它的运动能力,堪称六条腿的奔

美洲大蠊成虫
具有暗色蝴蝶状斑块

跑专家,据测算,它每秒可以跑过50倍身长的距离,而且它的平衡能力极强,可以在崎岖不平的表面奔跑。不过,由于长期栖于室内过着爬行的生活,它虽有双翅,却已失去飞翔能力。

"小强"繁衍能力强

同其他"功成名就"的入侵物种一样,美洲大蠊拥有强大的繁殖能力。雌虫一生只交配一到两次,但它可以将雄虫的精子储存起来"慢慢"使用。雌虫用特殊的分泌物将卵块包裹起来,当产下的卵块暴露在空气中后,分泌物就变成干燥的棕色硬壳,这时就称这些卵块为"卵荚",看起来跟小豆子很像。有了这个抗高温、耐干燥的硬壳卵荚,一般的杀虫剂奈何不了它们。于是,每当人们使用各种武器剿灭蟑螂时,初看上去战果颇丰,不久以后一拨"小蟑螂"又迅速滋生起来,这就是卵荚的作用。

美洲大蠊还有一手绝技,那就是"孤雌生殖"。在生存条件险恶,无法完成交配的时候,雌虫不经交配也能单独产下可以孵化的卵。只是这些没有

美洲大蠊卵荚

"爸爸"的小蟑螂也都是雌性的。

雌虫交配后,卵块在体内形成,逐渐被推向尾端而产出体外。雌虫不携带卵荚,卵荚多产在隐蔽的角落或孔、洞、缝中。刚露出的卵荚呈黄白色,然后逐步变深,至产出时呈棕红色,硬而具有弹性,几天之后变为深咖啡色。卵荚刚产下时表面不具黏性,雌虫用嘴在卵荚表面舔上黏液,粘在周围的物体上,从而起到保护卵荚的作用。卵荚呈矩形的钱包状,长约8~10毫米,宽4~5毫米,由左右两片合成,上部有锯齿缘,为若虫孵化时的出口处,若虫的头端就对着这个出口处。每个卵荚含卵数约14~16个,卵期约45~90天。卵荚的发育需一定的温度和湿度,一般气温高,卵期就会短。卵就在卵荚里发育,若虫形成后,卵荚老化变脆,若虫从锯齿边缘处爬出,出荚前蜕一次皮,将皮留在锯齿边缘出口处。

美洲大蠊属渐变态类昆虫,其若虫与成虫的形态和生活习性都差不多,只是若虫的翅发育不完全,生殖器官尚未成熟。刚刚孵出的若虫呈乳白色,体细长柔软,孵出约30分钟左右,虫体变为灰白色,再经3~4小时后变为黑褐色,虫体变得粗短扁平,长约4~5毫米。由卵孵化出的若虫为1龄若虫,若虫的发育较慢,约需1年左右时间才能发育为成虫,此间需蜕皮10次左右。若虫的发育受温度、湿度和食物的影响。在若虫期,雌虫的发育要快于雄虫,而且雌虫需要经过的龄期有时要少于雄虫。蜕皮时,若虫寻找合适地点,离群独处,但不远离其他伙伴。若虫不进食,且动作及反应明显迟缓,身体慢慢鼓胀,在其头顶呈倒"丫"字型处裂开一条线,然后慢慢地将皮蜕下。每蜕皮一次,虫体就长大一次,生长和蜕皮呈周期性交替进行。若虫经最后一次蜕皮后,即可清晰地看到折叠着的前后翅。蜕皮完成几分钟后,若虫体力得以恢复,即开始展翅。展翅时,头部朝上,身体攀附在物体上,与地面保持垂直,前

美洲大蠊若虫

后伸缩、左右摇摆，前翅逐渐伸展。同时，皱缩的后翅也慢慢展开，双翅向后逐渐伸展到尾部，最后身体作大幅度抖动，整理肢体及双翅。至此，整个展翅过程完成，耗时约40～60分钟。蜕变为成体后，休息数分钟，即可活动自如。

美洲大蠊若虫发育为成虫后不久即可交配。求偶交配多在夜间20点后至凌晨3点前进行。求偶时，雄虫表现不安，四处活动，常边爬边飞，遇上雌虫，就张开翅，有时在雌性周围转几圈，然后倒爬，朝雌虫的腹部对接，动作迅速，接上后，原地不动，交配达1～2小时之久。受惊吓时，大多是雄虫拖着雌虫逃逸。交配结束后，雌雄虫分开，各奔东西。约10天左右雌虫可产出卵荚，雌虫一生可产卵荚30～60个，平均产卵675粒。成虫寿命为1～2年，完成一代生活史需一年多

美洲大蠊喜欢偷偷
进入人类的居室

时间。

美洲大蠊在我国南方一般4月上旬出现,7月下旬达到高峰,10月上旬至11月下旬逐渐消失,进入越冬期。其若虫、成虫、卵荚都可越冬,但主要以卵荚越冬,成虫以雌虫为主。

千方百计战"小强"

预防是防治蟑螂的关键,我们要尽可能防止蟑螂从外界侵入到室内,并通过搞好环境卫生,限制室内蟑螂的繁殖和扩散。蟑螂侵入室内的主要途径,一是随同食品的容器、行李货物"乔迁入室";二是经门窗、墙壁的缝隙、水电管线、下水道等户外或紧邻的住房潜入室内。因此,我们应充分发动群众,平时搞好厨房、住宅卫生,堵塞沟缝孔隙。近年来,也有昆虫学家建议建筑师们在设计住宅时,就要考虑到遏制蟑螂生存繁殖等有利于人类健康的重要因素。

外来物种入侵的危害

外来物种成功入侵后,会压制或排挤本地物种,形成单一优势种群,危及本地物种的生存,导致生物多样性的丧失,破坏当地环境、自然景观及生态系统,威胁农林业生产和交通业、旅游业等,危害人体健康,给人类的经济、文化、社会等方面造成严重损失。

人类对蟑螂的防治研究已有很长的历史,探索出了很多种防治蟑螂的方法,但总体上都是以化学防治为主。化学防治的主要方法包括滞留喷洒、热烟雾灭蟑、毒饵毒液灭蟑和毒饵毒胶灭蟑法。随着化学药剂长期大量使用,蟑螂竟然像孙悟空在太上老君的炼丹炉里炼过一样,变得刀枪不入、百毒不侵了!它不仅对多种化学药剂产生了抗性,还对昆虫生长调节剂、化学不育剂等其他类型的杀虫剂产生了交互抗性。同时,由于室内蟑螂生长环境的特殊性,化学药剂的大量使用及死虫的腐烂都会污染环境,危害人类的健康。所以,人们开始寻找新的无公害的防治蟑螂方法,如利用蟑螂聚集信息素、饵料、

蟑螂屋中被粘住的
美洲大蠊

病原微生物等方法防治蟑螂。

真菌杀虫剂能够通过体壁入侵到害虫的体内，还可以在害虫种群中造成病害流行，从而达到持续杀虫的目的。由于真菌杀虫剂具有触杀性、流行性以及害虫不易产生抗性等优良特点，逐渐受到人们的重视。此外，虫生真菌还可以与许多种杀虫剂相容，因而可以将虫生真菌与其他杀虫剂混用，达到更好地控制害虫的目的，同时还能避免大量使用化学药剂，从而保证人们的身体健康。因此，虫生真菌在害虫防治中具有广阔的应用前景。

白僵菌作为生物杀虫剂，在农业上已经推广应用多年。白僵菌饵剂对美洲大蠊有良好的杀灭作用，这也可以作为生物防治美洲大蠊的又一种新方法。

蟑螂诱杀剂的研究，多年来一直是国内外媒介昆虫学界热衷研究的课题。人们在努力探索用一种极其简单的方法，将蟑螂聚而杀之。对蟑螂的诱杀有用药少、效率高、使用方便、经济等特点，还能避免因药物喷洒造成的环境污染。对蟑螂的诱杀，关键是引诱剂的性能。

蟑螂是一类"准社会性"昆虫，有聚集习性，其自身的"气味"能引诱同种个体聚集。研究人员最先发现了德国小蠊的聚集行为，并指出这是由于德国小蠊能分泌一种能被同种个体识别的化

蟑螂屋

学物质,后来称为聚集信息素。蟑螂个体的出现虽然受到环境的影响,但聚集信息素的影响更为直接。许多学者认为,在蟑螂的体躯、足和翅、粪便,以及爬行过的路线上都含有聚集信息素,尤其以粪便中的含量最多,这对低龄若虫、高龄若虫、雄成虫和雌成虫均具有聚集活性,特别是若虫容易受到它们自己或其同伴的粪便的吸引。而且,聚集信息素是一种重要的信息传递物质,与性信息素的长距离诱集不同,聚集信息素是在近距离内调节种内个体间的行为,使群体表现出聚集性。利用聚集信息素的这一特性,再与杀虫剂配合使用,便可将蟑螂聚而杀灭。

性信息素是由某一性别个体分泌于体外,能被同种异性个体所接受,并对其产生一定的行为和生理反应的微量化学物质。美洲大蠊的处女雌虫所分泌的性信息素吸引雄虫的同时也吸引若虫。目前,国外已有人工合成美洲大蠊性信息素引诱剂。这种引诱剂可应用于预测预报,大量诱杀雄性大蠊,干扰雌雄交配,降低下一代种群密度,如果与其他生物药剂联用,还可引发整个种群沾染病毒,具有连锁的杀灭作用。但性引诱剂只有在一定的剂量范围之内,才会获得最佳的引诱效果。

在有害生物综合治理中,非杀生性手段与其他杀虫方法统筹结合的方案,正在得到越来越多的认同和实施。在非杀生性手段中,使用忌避剂是重要的选择之一。忌避剂不同于一般化学杀虫剂,主要通过干扰其正常生理活动,如干扰成虫取食引发其拒食而逃避、干扰产卵行为降低生殖力等,达到治理虫害的目的。近年来研究植物忌避剂的国家在不断增加。植物虽然缺乏像动物一样的移动能力,但会利用自身的化学防御系统避开一些害虫的为害。这是因为植物在长期演化中,派生了一些与自身发育无关的化学性物质,对病虫害具有一定的防御作用。这为人们探索害虫防治提供了一个新的思路,随着这些研究的深入,开发忌避剂成为可能。

紫茎泽兰是入侵我国的外来入侵植物,于20世纪40年代由东南亚传入我国云南,其后又传入贵州、四川、西藏、广西、广东等地,不断向北扩张。紫茎泽兰侵入农田、草地、山林等多种生境,竞争力极强,

紫茎泽兰对美洲大蠊
有忌避作用

严重破坏生物多样性,危害作物生长,并致草食动物中毒等,给社会经济和生态平衡带来巨大损失。各地在加强控制紫茎泽兰蔓延的同时,也纷纷展开对其各方面的研究,使其可以变害为宝,造福人类。研究人员对紫茎泽兰的成分进行了初步研究,发现紫茎泽兰中的某些次生化合物对一些重要害虫如美洲大蠊存在生物活性。这些活性物质可能对一些昆虫产生忌避作用。随着紫茎泽兰粗提物浓度的提高,对美洲大蠊的平均忌避活力也在增高,未来也许能从紫泽茎兰中提取美洲大蠊的忌避剂。

专门对付"小强"的寄生蜂

寄生蜂可有效地抑制其寄主种群密度,是生物防治体系中重要的组成部分。在这类寄主—寄生物系统中,寄生物在寄主不同龄期寄生,寄主所受的影响程度是不同的。了解和掌握寄生蜂与寄主间的关系,是保护、利用和大量繁殖寄生蜂的关键。在此基础上,利用室内人工饲养的方法,培育繁殖大量寄生蜂个体,释放到已明显产生抗性,并导致药剂难以防治的美洲大蠊、黑胸大蠊、澳洲大蠊等大型蟑螂猖獗为害、天敌种群数量不足的区域,即可达到消灭害虫,减少对当地生产、生活及人们身心健康的影响与危害的目的。

蟑螂卵的天敌大多集中在膜翅目寄生蜂中,这些寄生蜂在自然界中不同程度上抑制着蟑螂的危害,对抑制自然界中蟑螂种群数量的扩增发挥着重要的作用。

哈氏啮小蜂是蟑螂卵荚的一种重要寄生蜂，广泛分布在世界各地，它是防治蟑螂最具潜力的天敌之一。它体型小，分布广，可寄生多种蟑螂的卵荚，尤其喜欢寄生美洲大蠊卵荚，对控制蟑螂的危害发挥着不可估量的作用。

蟑螂的天敌——
哈氏啮小蜂

哈氏啮小蜂隶属于膜翅目姬小蜂科，整个生活史经历四个发育阶段：卵—幼虫—蛹—成虫。成虫产卵器能穿透美洲大蠊卵荚壁，将卵产在美洲大蠊卵内。哈氏啮小蜂自卵至成虫羽化的整个过程，都在寄主卵荚内度过。哈氏啮小蜂的幼虫取食美洲大蠊的卵，一个卵荚不够，就会吃另一个卵荚。哈氏啮小蜂一旦羽化即可交配，交配时间约为1～3秒，1只雄蜂可与几只雌蜂交配，但每只雌蜂只交配1次。

哈氏啮小蜂在
卵荚上产卵

雌蜂交配后很快寻找蟑螂卵荚产卵，产卵前雌蜂在卵荚上缓慢地爬动，不断地用触角和产卵管探测卵荚表面，找到合适部位将产卵管插入卵荚产卵，如不太适宜，它会反复拔出、插入，直到位置适合。产卵时间一般持续2～5分钟。

哈氏啮小蜂雌蜂对寄主卵龄具有识别能力，偏爱在低日龄卵荚上产卵，对老龄卵荚的适应性明显降低，但对不同日龄的卵荚都可以接受。它对寄主卵荚的攻击率随着寄主卵龄的增加而降低，但产卵管插入的次数明显增加，产卵量随着寄主卵龄的增加而减少。哈氏啮小蜂产卵集中在羽化后前5天，羽化后第一天产卵量低，第二天为产卵高峰期，羽化6天后产卵量逐渐减少。哈氏啮小蜂雌蜂产卵后一般不会再到邻近卵荚上去产卵，每只雌蜂寄生卵荚数与蜂体大小有关，一般体形小的每头只寄生1粒卵荚，体形大的可寄生2粒卵荚。哈氏啮小蜂具有两种生殖方式：孤雌产雄生殖和两性生殖。

人工释放哈氏啮小蜂可抑制美洲大蠊子代种群的数量。研究表明，当室内蟑螂虫口密度为2头/平方米时，每次放雌蜂20头，隔10天放一次蜂，可以很好地控制美洲大蠊种群的增长。这充分说明，人工繁殖的哈氏啮小蜂在实际应用中是切实可行的。

研究人员对哈氏啮小蜂卵巢怀卵量研究的结果显示,它具有较大的产卵潜能,其中以2日龄雌蜂怀卵量最高,显著高于其他日龄雌蜂的怀卵量。哈氏啮小蜂具备优良寄生蜂的特性,表现在寄主专一性强,两性生殖的后代雌性比率高,产卵期持续时间长,被寄生卵荚出蜂率高,从而增强了其扩散速度和对寄主种群密度控制的有效性。

蜚卵啮小蜂为世界性分布物种,可寄生于美洲大蠊、澳洲大蠊、黑胸大蠊、东方蜚蠊等的卵荚内。自然界中蜚卵啮小蜂主要在春夏季活动。蜚卵啮小蜂一生经历卵、幼虫、蛹、成虫4个虫态。其中,卵、幼虫、蛹在蟑螂卵荚内完成发育,蛹羽化为成虫后,钻出卵荚营自由生活。羽化时,成蜂分泌一种液体使卵荚湿润,然后啃咬卵荚壁,咬成一个圆形小孔,孔的大小能够钻出1只成蜂,个别身体较大的不能钻出时,该个体会加紧扩咬洞口,直到能够钻出为止。每只卵荚可钻出成蜂30~100只。羽化后的成蜂就在洞口附近迅速地来回爬行,等待着其他随后爬出的个体进行交配。一旦有雌蜂爬出,雄蜂则表现极为活跃,不停地扇动翅膀,争相与之交配。交配时,雄蜂用前足和触角分别夹住雌蜂颈部和触角,快速振动翅膀,以此激发雌蜂举起尾部,完成交配。交配约在1分钟内完成。雌、雄蜂都可多次交配,一般雌蜂几次交配后就拒绝再交配。蜚卵啮小蜂每次飞行的距离大约为0.3~2米,能否远距离迁移还有待进一步研究。交配后的雌蜂随即在附近寻找蟑螂卵荚产卵,如没有适合的卵荚,则可到较远一些的地方寻找。发现卵荚后,雌蜂随即用触角探触卵荚表面,并不断清除粘附在触角和足上的异物;如卵荚适合产卵,则雌蜂头部昂起,腹部紧贴卵荚表面,用产卵管刺穿卵荚壁产卵,每次产卵历时约5秒钟。

除了哈氏啮小蜂和蜚卵啮小蜂,研究人员还在美洲大蠊卵荚内发现另外一种寄生蜂:姬小蜂科的浅沟长尾啮小蜂。它与哈氏啮小蜂的形态特征非常相似,最主要的区别是其中胸盾片上有1条浅的中纵凹沟。这也为美洲大蠊的生物防治提供了新的天敌。

另外,在人工养殖的美洲大蠊卵荚中发现的腐食酪螨、伯氏嗜木螨和在养殖环境中发现的茅舍血厉螨，它们均可直接或间接攻击美洲大蠊，其中前两种螨虫对卵荚的总寄生率可达43％。不过，利用螨虫对蟑螂开展"以虫除虫"的生物防治，尚需研究在自然状态下的可行性，以及这些螨虫对人类是否有负面作用。

（杨红珍）

深度阅读

李振宇，解焱. 2002. **中国外来入侵种**. 1-211. 中国林业出版社.

石光明. 2005. **居民区室内蜚蠊侵害状况调查**. 中国媒介生物学及控制杂志，16(5): 395-396.

徐鹿，吴珍泉. 2009. **哈氏啮小蜂的产卵选择行为**. 福建农林大学学报(自然科学版)，38(6): 577-580.

徐海根，强胜. 2011. **中国外来入侵生物**. 1-684. 科学出版社.

李树楠，刘光明. 2012. **美洲大蠊的研究与开发**. 1-158. 云南科学技术出版社.

圆叶牵牛

Ipomoea purpurea (L.) Roth

圆叶牵牛的艳丽花朵着实让人喜爱，看到那怒放的喇叭花，不免让人产生采摘一朵的冲动。需要提醒大家的是，摘朵花可以，可千万注意不要采摘它的果实。否则正好中了它的计，成为传播它后代的帮手，为它扩散到更多的地方提供了机会。

牵牛花

生活在钢筋水泥建造的都市里，总有被关进铁笼子里的感觉。星星似乎少了，风也要七拐八拐才能吹进来。想要眺望远方，视线好不容易被一栋楼放过，又会被另一栋楼拦住。时间久了，难免会让人向往诗人笔下"采菊东篱下，悠然见南山"的轻松、惬意、幽静的田园风光。

我曾经去过一处农家小院，院子没有围墙，而是用树枝或者竹子做成的篱笆，篱笆上爬满了缠绕的藤本植物，比较常见的就是牵牛花了。牵牛花爬满篱笆，篱笆多高它就可以长多高，甚至更高，把它的枝条伸入空中，随风摇曳，像是在炫耀自己的攀爬技术，又像是在寻找更高的目标。清晨起床，搬把竹椅坐在院中,欣赏着在晨曦中绽放笑颜的牵牛花,它把绚丽灿烂的大喇叭高高举起,像要吹响起床号角一样,真是让人赏心悦目,浑身都充满正能量。"一天之计在于晨",这一天有一个不错的开始。这样的好心情是牵牛花给我们的,至今回想起来都会让我精神为之一振呢!

当然,下面要说的重点并不是我的好心情,而是让我拥有好心情的牵牛花。牵牛花总是在清晨就吹响它的"号角",并绽放出它的笑颜,因此又有"朝颜"之称。它给早起忙碌的人们带来一天的好心情。喜欢牵牛花的人可以说是大有人在呀!自古以来,牵牛花在文人墨客的名言佳句中的"出镜率"算是很高了。比如,宋朝诗人陈宗远以牵牛花为题,为其赋颂一首七绝,其中有"绿蔓如藤不用栽,淡青花绕竹篱开"的诗句。也有牵牛花直接出现在文学作品中的。如宋朝大诗人陆游在著名的诗作《浣花女》中有这样的诗句:"青裙竹笥何所嗟,插髻烨烨牵牛花。"台湾著名作家林清玄也有为牵牛花所作的散文。由此可见文人墨客们对牵牛花的喜爱之情。不仅如此,小朋友们也同样对它不陌生,有一首很著名的儿歌就叫作《小小牵牛花》:"小小牵牛花呀,开满竹篱笆呀,一朵连一朵呀,吹起小喇叭……"它伴随着我们度过童年的时光,是我们身边非常熟悉的植物朋友。

然而,牵牛花的名字又是因何得来呢?这要从民间传说《牛郎织女》说起。《牛郎织女》是我国历史最悠久的民间传说之一,描写的

红花

白花

65

篱笆上的牵牛花

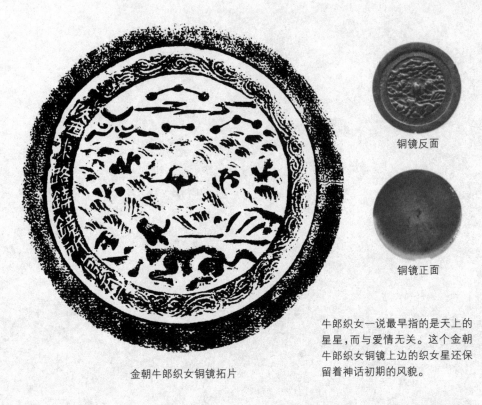

铜镜反面

铜镜正面

牛郎织女一说最早指的是天上的星星,而与爱情无关。这个金朝牛郎织女铜镜上边的织女星还保留着神话初期的风貌。

金朝牛郎织女铜镜拓片

是牵牛和织女之间一段浪漫凄美的爱情故事,至今人们仍然把传说中他们相会的"七夕"当成中国的情人节。男主人公牵牛与我们故事中的主人公的名字相同,它们之间有什么联系呢?原来,牵牛花的花朵内部有星形的花纹,开花的时期与牛郎织女星相会的日期相同,因而得名牵牛花。

著名的"喇叭"商标

牵牛花,对于我们大众来说,更为熟悉的名称还是喇叭花。不管是哪个名字,在大众的心目中,仅是凭着它那缠绕的青藤和开出像小喇叭一样的花朵来辨认它,一般不会从更多的细微特征上去区分它。其实,我们日常所见的牵牛花,包含了两种相近的植物:圆叶牵牛和裂叶牵牛(又称牵牛)。它们都是隶属于旋花科的植物。旋花科拥有约56个属1800种以上的植物,可以算是植物家族中的大家庭了。这个科的分类归属较为复杂,植物学家主要把旋花科分为旋花属、番薯属和牵牛属三个属。

　　而关于牵牛花具体归于哪个属的问题,长期以来在植物学界存在着争议。最早给牵牛命名(这里指的是拉丁文学名)的是瑞典博物学家林奈,他编写的《植物种志》一书可以说是植物分类学的里程碑。1762年,林奈分别为牵牛、裂叶牵牛、圆叶牵牛定名,并统一放在旋花属中。20多年后,另外一名植物学家Roth将圆叶牵牛、牵牛转移到番薯属*Ipomoea*。1833年,植物学家Choisy创立了一个新属——牵牛属*Pharbitis*,又将牵牛和裂叶牵牛都转移到了牵牛属。之后也有学者赞同将圆叶牵牛归属到牵牛属。《中国植物志》64卷1分册将裂叶牵牛合并到牵牛中,作为牵牛的异名处理。近年来,国外旋花科研究资料都不承认牵牛属,而将其归入番薯属,新版的*Flora of China*也采用这一处理,故圆叶牵牛的学名应为*I. pururea* (L.) Roth。欧美和日本学者多将牵牛和裂叶牵牛分为两种,学名分别为*I. nil* Roth和*I. hederacea* (L.) Jacq.。

　　圆叶牵牛,从字面的意思可以看出一个重要的特征,那就是它的叶片是圆形的。是的,它的叶片形状为圆心形或宽卵状心形。别小看这个叶形,这可是它区别于同类植物的重要特征呢!其叶子的基部是圆形的,在叶柄处又向内凹陷,呈一个心形;叶子的顶端形成一个尖,有锐尖、骤尖或渐尖三种类型。这个尖可以让清晨的露珠从上面滴落,形成滴水叶尖,

圆叶牵牛幼苗

牵牛幼苗

圆叶牵牛

想想那也是一副美丽的画面。叶子的尺寸也较大，长4～18厘米，宽3.5～16.5厘米，通常全缘，但也有3裂片的个别叶片出现，叶面和叶被上都有伏毛；叶柄最长的能达到12厘米，上面同样长有伏毛。

喇叭状的花是另一个重要特征，也是它最著名的"商标"。花从叶腋中生出，有的是一叶一花，有的是2～5朵着生于花序梗顶端成伞形聚伞花序。花的最外层是线形的苞片，苞片很短，长满了长硬毛；苞片内的花萼共有5片，长1.5厘米，外层有3片，为长椭圆形，内层有2片，为线状披针形，花萼外面均长满了开展的硬毛。牵牛花的花冠特征也很显著，它的花瓣不像桃花可以分成一瓣一瓣的，而是联合在一起生长，形成漏斗状，这种情况就不能称之为花瓣，而是叫作花冠。花冠的质地很薄，可以用质薄如纱来形容。整个喇叭大概有5厘米长，喇叭筒通常颜色较浅，呈白色，而喇叭口颜色有很多的变化，有紫红色、红色或白色。从喇叭口向里面看，可以看见花冠内形成的像五角星的条纹，真是非常漂亮。

　　从生活习性的角度来看，它是一种一年生的缠绕草本。也就是说，圆叶牵牛的茎很柔软，没有外界的依靠无法自然直立生长，只能依附在别的物体上攀援生长才能保持它优美的姿态。它的茎上长满了倒向的短柔毛或长硬毛。它利用缠绕茎攀附在其他物体上，如高大的乔木或灌木上，借助外力爬向阳光充分的高处，舒展自己的叶子，可以更好地进行光合作用，产生更多的能量促进自身的生长发育。

　　牵牛和裂叶牵牛从外部特征上看，与圆叶牵牛很相似，难怪会有许多人把它们混

牵牛花

71

裂叶牵牛

淆在一起。这三种植物的主要区别在于：圆叶牵牛的叶片边缘完整；萼片长椭圆形。牵牛叶片3深裂，中裂片基部不缢缩；萼片披针形，先端长渐尖。裂叶牵牛叶片虽然也呈3深裂，但中裂片基部缢缩；萼片下部为卵圆形至近圆形，上部长尾状并反曲。

圆叶牵牛有许多很有趣的中文别名，牵牛花、喇叭花几乎是全国各地通用的叫法了。而四川人把它叫作连簪簪，是因为女孩子可以把它的花插在头上作为装饰。陆游的诗作《浣花女》中描写的女孩子插牵牛花出嫁，指的应该就是四川的女孩子。在山西，人们把它称作打碗花，当地人认为，谁摘了它的花，回家后就容易把碗打破。当然，这是很迷信的说法，没有任何的科学根据。此外，还有的地方叫它紫花牵牛，这是根据它的花色得来的俗称。

圆叶牵牛还有一个有趣的现象，就是同

陆游

牵牛花

一朵牵牛花,早上和中午的颜色会有所变化。这种花色的变化与一种色素——花青素有关。花青素是构成植物花与果实颜色的主要色素之一,是一种水溶性色素,有随着细胞液酸碱度变化而改变颜色的特性,碱性时呈蓝色,酸性时呈红色,中性时呈紫色。早晨,花朵的生理活动增强,pH值降低,花青素变红,因此花的颜色为红色;随后,花瓣细胞的pH值不断增大,花的颜色也随之变化。

逃出庭院

　　圆叶牵牛是我们身边极为熟悉的一种植物,就像我们身边的老朋友一样。大家是否知道,它其实不是中国土生土长的植物,而是来自遥远的美洲热带地区?墨西哥和中美洲地区才是它的老家,它是经历了很长一段过程才慢慢传入我国的。现如今的圆叶牵牛不仅在我国的大部分地区都有分布,而且占领了世界上的许多国家,广泛分

牵牛花

74

牵牛花

布到世界上的热带和亚热带地区,温带也有它的踪迹。体态纤弱、靠攀援而生的藤本植物如今扩张到如此大的版图,光靠它自身的力量是万万办不到的!那么,它是如何达到此种规模的呢?

这当然要提到我们人类,这是人类的功劳,是人类直接或间接地帮了它的大忙!当初它在美洲老家生活得很好,环境熟悉、邻里和睦、子孙满堂,过着轻松惬意的生活,是欧洲殖民者客船的到来打破了它原本平静自在的生活。欧洲人到达中美洲后,对很多未曾见过的事物感到好奇:看到圆叶牵牛后,就被它喇叭形的花冠、艳丽的色彩所吸引;看到它可以攀爬在篱笆上,既能遮阳,又能做装饰,就把它当作一种很有用处的植物带到了北美洲。不过,它在开始的几十年中还比较"安分",生长在花坛、绿篱、苗圃、庭院当中,美化着人们的环境,与新邻居和平共处。这样的日子过了几十年,它又因自己的"美色"和装点环境的特性,不断地被人们所认识和看重,就被引入到了更多的地方。圆叶牵牛慢慢地不再"安守本分",它已经变得足够强大,小小的庭院、花圃、篱笆等已经无法困住它的"身躯"了!它在人们的眼皮底下"逃之夭夭",寻找野外更广阔的天地。

圆叶牵牛在美洲、欧洲、非洲等热带、亚热带地区分布广泛,来到中国也不是巧合,而是肩负着"美化环境"的使命,作为观赏植物被请进来的。至于是何年月由何人以何种方式引进,已无法进行核

牵牛花

查。可以找到的最早记录是1890年前后，已经在中国发现了圆叶牵牛的存在。如此算来，它来到中国最少也有一百多年的历史了。但与它的近亲种牵牛相比，圆叶牵牛的资历要浅多了。牵牛也是从热带美洲而来，但它在中国已有几百年的历史了。牵牛花在日本是很著名的花卉植物，最开始就是从中国引种的，经过几百年的培育，形成了许多牵牛花的新品种。非常著名的"朝颜"就是其中一个品种，它的花型很大，花色艳丽，花期又长，现在又被引种到其他一些国家。

圆叶牵牛虽然是一种柔弱的攀援草本植物，但具有极强的生命力。能成为外来入侵植物，与它的形态特性和生活特点是分不开的。别看它表面上茎很柔弱，自身不能直立生长，必须依附其他的支持物，但它有深埋在地下的强健根系。它的根在地下可伸到几米至十几米深，远远大于它身边的植物，这保证了它比周围的植物更容易吸收到土壤中的水分和无机盐。在阳光充足的情况下，它的绿叶尽力展开吸收阳光，依靠强健根系的支持，迅速延伸地上的茎蔓，不放过任何支撑物。它凭着缠绕蔓延的本事侵占其力所能及的空间，茎蔓上互生的叶片有序地铺散在所有能捕捉到阳光的层面，充分进行光合作用来为植株的繁茂、开花、结实提供能量保

外来入侵物种的特点

外来入侵物种主要表现在"三强"。

一是生态适应能力强，辐射范围广，有很强的抗逆性。有的能以某种方式适应干旱、低温、污染等不利条件，一旦条件适合就开始大量滋生。

二是繁殖能力强，能够产生大量的后代或种子，或世代短，特别是能通过无性繁殖或孤雌生殖等方式，在不利条件下产生大量后代。

三是传播能力强，有适合通过媒介传播的种子或繁殖体，能够迅速大量传播。有的植物种子非常小，可以随风和流水传播到很远的地方；有的种子可以通过鸟类和其他动物远距离传播；有的物种因外观美丽或具有经济价值，而常常被人类有意地传播；有的物种则与人类的生活和工作关系紧密，很容易通过人类活动被无意传播。

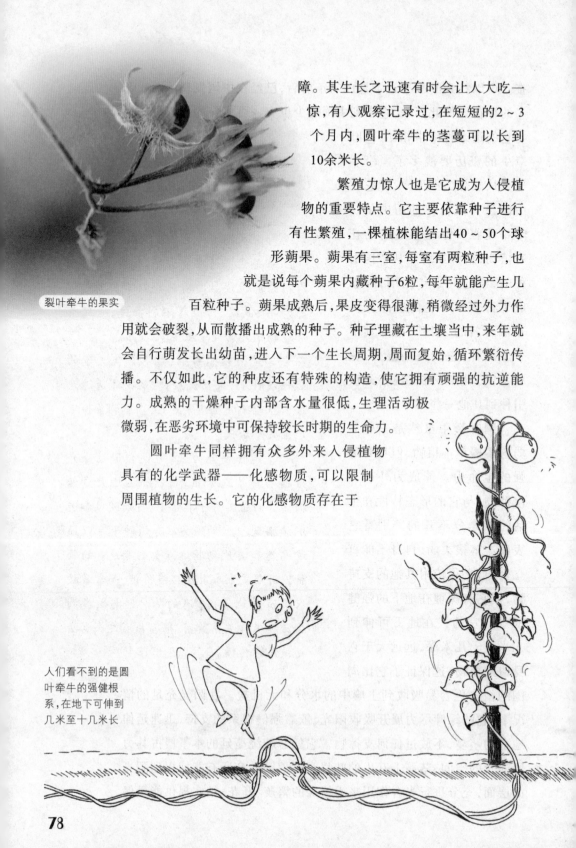

障。其生长之迅速有时会让人大吃一惊，有人观察记录过，在短短的2~3个月内，圆叶牵牛的茎蔓可以长到10余米长。

繁殖力惊人也是它成为入侵植物的重要特点。它主要依靠种子进行有性繁殖，一棵植株能结出40~50个球形蒴果。蒴果有三室，每室有两粒种子，也就是说每个蒴果内藏种子6粒，每年就能产生几百粒种子。蒴果成熟后，果皮变得很薄，稍微经过外力作用就会破裂，从而散播出成熟的种子。种子埋藏在土壤当中，来年就会自行萌发长出幼苗，进入下一个生长周期，周而复始，循环繁衍传播。不仅如此，它的种皮还有特殊的构造，使它拥有顽强的抗逆能力。成熟的干燥种子内部含水量很低，生理活动极微弱，在恶劣环境中可保持较长时期的生命力。

圆叶牵牛同样拥有众多外来入侵植物具有的化学武器——化感物质，可以限制周围植物的生长。它的化感物质存在于

裂叶牵牛的果实

人们看不到的是圆叶牵牛的强健根系，在地下可伸到几米至十几米长

根、茎、叶、花、果实、种子中，通过残枝分解、雨水淋溶、茎叶挥发等途径进入土壤中，进而影响其他植物种子的萌发和幼苗的生长、发育。圆叶牵牛浸提液能抑制小麦种子的萌发，也能抑制幼苗苗高和根长的增长，可显著降低小麦的产量。圆叶牵牛同样能抑制白菜的生长。在与圆叶牵牛的竞争中，白菜的根部发育不良，吸收水分、养分受阻，进而导致地上部分发育缓慢或发育不良，最终表现为产量减少。

圆叶牵牛广泛地分布于我国南北各地，无论是平地、路旁、土岗、荒地、田边、山坡或宅旁，都可以看到它的身影。美丽的圆叶牵牛是垂直绿化中不可或缺的重要角色，谁也不能否认它的美丽和作用。人们种植它不用花费很多精力，即使很粗放地管理，它依然长势很好，可以开出绚丽的花朵。它还可缠绕在立柱、绳索或棚架上，也可以在假山置石上缠绕，形成丰富多彩的立体景观。由于它的点缀，使枯燥的支撑物充满生机。但是，圆叶牵牛如果过度蔓延，既对当地的植物和生物多样性造成影响，又会造成农田中的农作物减产。那么，我们该如何减少它所带来的那些负面影响呢？

人工拔除过度繁殖的圆叶牵牛，可以说是最为简便的方法。不过，这个方法是有时间限制的，不是随时进行都有效。事半功倍的做法是，在开花之前将其拔除，是一劳永逸的好方

麦苗

小麦种子

白菜

圆叶牵牛能够抑制
一些农作物的生长

农田中的牵牛花

法。要特别注意的是，拔除的植株要集中处理，不能随意丢弃，否则会给它创造重新生根发芽的机会。利用化学药剂同样能达到抑制它生长的作用。使用化学农药同样有时效性，在幼苗期施用效果才能比较理想。但化学药剂在杀灭幼苗的同时，会对环境造成污染，有得也有失，虽然省力，并不是最理想的防治方式。将上述两种方法结合使用更能达到较为理想的效果。

　　圆叶牵牛的艳丽花朵着实让人喜爱，看到那怒放的喇叭花，不

免让人产生采摘一朵的冲动。在这里,我要提醒大家的是,牵牛花在开花时,往往果实也在分期分批地成熟,摘朵花可以,可千万注意不要采摘它的果实,否则正好中了它的计,成为传播它后代的帮手,为它扩散到更多的地方提供了机会。

（毕海燕）

深度阅读

. 李振宇, 解焱. 2002. **中国外来入侵种**. 1-211. 中国林业出版社.

高汝勇. 2010. **入侵杂草圆叶牵牛的化感作用研究**. 农业科技与装备. 2010(10): 32-34.

徐海根, 强胜. 2011. **中国外来入侵生物**. 1-684. 科学出版社.

万方浩, 刘全儒, 谢明. 2012. **生物入侵: 中国外来入侵植物图鉴**. 1-303. 科学出版社.

小家鼠

Mus musculus L.

小家鼠是鼠疫等多种恶性传染病的传播者。传染病和人类的发展始终相伴相随。在现有条件下，我们还不能彻底消灭传染病，但是可以通过自己的行为来控制传染病的传播。

艺术界的明星

有这样一个明星,在现实中臭名昭著,却在东、西方艺术界大放异彩;它戏路很宽,从人人喊打的小角色,到炙手可热的男一号,都能胜任。这就是文章的主角:小家鼠。

在阵容庞大的鼠类家族中,有一种小型鼠,名字叫小家鼠,也叫鼷鼠、小老鼠、小耗子等。它的确长得很小,体长只有6~9厘米,体重仅7~20克。小家鼠的主要特征是头较小,吻短,面部尖突,眼大鲜红,上门齿后缘有一极显著的月形缺刻。它的毛色随季节与栖息环境改变而有所变化,通常体背呈现棕灰色、灰褐色或暗褐色,毛基部黑色;腹面毛白色、灰白色或灰黄色。它有一条与体长相当或略短于体长的尾巴,尾巴上有100多片环状角质的小表皮鳞。

《漳州木版年画》——老鼠嫁女

小巧的身材和"居家"的习性,似乎让人们对小家鼠产生了很多好感,因此以它们为原型塑造了很多有趣的形象。比如我国民间"老鼠嫁女"的传说,是传统民俗文化中影响较大的题材之一。老鼠嫁女,亦称老鼠纳妇、老鼠娶亲等,是在正月举行的祀鼠活动。我国国家邮政局于2009年发行的《漳州木版年画》特种邮票1套4枚,其中第四枚即为老鼠嫁女,构图紧凑、画面诙谐,融合了状元及第、敲锣打鼓的欢庆场面,渲染出欢快的气氛。

童话大王郑渊洁笔下的会开飞机的舒克和会开坦克的贝塔伴随了几代人的成长。

在国外,以它为原型创作的卡通形象,最广为人知的可能就是大名鼎鼎的米老鼠(Mickey mouse)。这个早在1928年就创作出的动画形象,至今仍然是迪士尼公司的代表人物,以其随和、快乐的天性

为孩子们所钟爱，也使它成为史上最受人们欢迎的卡通形象之一。

而在举世闻名的动画片《猫和老鼠》里，小老鼠杰瑞（Jerry）机智聪明，在猫捉老鼠的斗争中，巧妙取胜，它的天敌家猫汤姆（Tom）被捉弄得团团转，以至于孩子们在看这个动画片的时候，不仅不反感杰瑞偷吃奶酪，反而认为它是个勇敢的机灵鬼，非常可爱。

在影片《精灵鼠小弟》中，完全由电脑三维技术制作成的人格化的小老鼠斯图尔特，也在一夜之间成为一个炙手可热的小宠物。

不过，这些都是小家鼠的银幕形象。在现实中，它是家庭、农业的主要害鼠之一。和其他害鼠一样，小家鼠也是贪婪的掠食者和多种病原体的携带者，对农作物和生态环境造成严重破坏，并威胁人类的身体健康。

无敌"破坏王"

小家鼠 *Mus musculus* L. 起源于欧洲，现在在世界各地均有分布。它在分类学上隶属于哺乳纲啮齿目鼠科小鼠属。小家鼠是何时来到我国的，已经无从查考。它现在已经遍及全国各地，是家栖鼠中发生量仅次于褐家鼠的一种优势鼠种，种群数量大，破坏性很强。

小家鼠是群居的社会性动物，繁殖力很强，一年四季都能繁殖，以春、秋两季繁殖率较高。在北方平均年产2～4窝，南方可达5～7

小家鼠胎儿

窝,每窝一般4～7只。

　　小家鼠到处都能打洞做巢,如果
有可以利用的墙洞、壁缝、杂物堆、草堆,或
者是长久不用的抽屉、箱柜、纸箱、书厨、设备包装箱等,它们就不去
挖洞,而是用破布、乱棉絮等物垫窝营巢。如果小家鼠是在田埂、麦
地、渠边等处生活,就会掘洞营巢,洞穴比较简单,洞道稍浅且较短,
离地面25～40厘米,最深可达100厘米,总长为60～300厘米。洞口有
2～3个,如果是在室内地下挖的洞,洞口常通往室外。小家鼠所筑
的巢穴,常在洞道分岔处,呈球形或碗形,用农作物茎叶、杂草等垫
窝。雌鼠的怀孕期为20天左右,仔鼠6～7周龄时即达到性成熟,然后
就繁殖后代。不过,小家鼠也实行"计划生育",它的繁殖能力受其
种群密度的制约,种群密度越高,怀孕率越低,胎仔数减少;种群密
度越低,怀孕率越高,胎仔数增多。因此,小家鼠的种群数量
并不能无限增长,只在一定范围内波动。

　　在住宅区,小家鼠常与褐家鼠、黄胸鼠等栖于同一
环境,但它们有各自的栖息和活动范围。随着城乡

褐家鼠标本　　黄胸鼠标本

经济的发展和人民生活质量的提高，旧房改建成砖墙水泥板结构新式住房，不利于褐家鼠和黄胸鼠的栖息和生存，导致它们的种群数量下降，它们留出来的空间和食物正好有利于小家鼠数量的上升。由于小家鼠个体小，易于隐匿，其营巢习性又与褐家鼠等不同，因此住房改造对小家鼠的影响相对较小。如果人们在居室内外堆放脏、乱杂物，或粮食、蔬菜等保管不当，就会给小家鼠提供理想的栖息和生活条件，有利于其生存和繁衍。

小家鼠虽然体小娇嫩，不耐饥饿，不耐冷热，对疾病的抵抗力也差，但却是人类的伴生动物，栖息环境非常广泛，可以说是处处为家，凡是有人类居住的地方，几乎都有小家鼠的踪迹。居室、厨房、地板下、贮藏室、柴草堆、仓库、粮库、打谷场、猪舍、车站、码头、隧道，以及村庄附近的农田、菜地、田埂、荒地、草丛、水渠边等都是小家鼠的栖息之处。各种交通工具如火车、汽车、飞机、船舶等，亦有小家鼠栖居。

小家鼠具有迁移习性，常在巢区与食区之间活动。虽然比不上自然界动物大迁徙的壮观，但目的是相似的：找口饭吃。在农村，小家鼠会随着农作物的不同生长发育阶段进行短距离的季节性迁移。每年3~4月，天气变暖，开始春播时，它们从住房、仓库等处迁往农田，秋季则集中于作物成熟的农田中。作物收获后，它们随之也转移到打谷场、粮草垛下，然后又随粮食入库而进入仓

轮船

飞机

汽车

火车

小家鼠的栖息场所

87

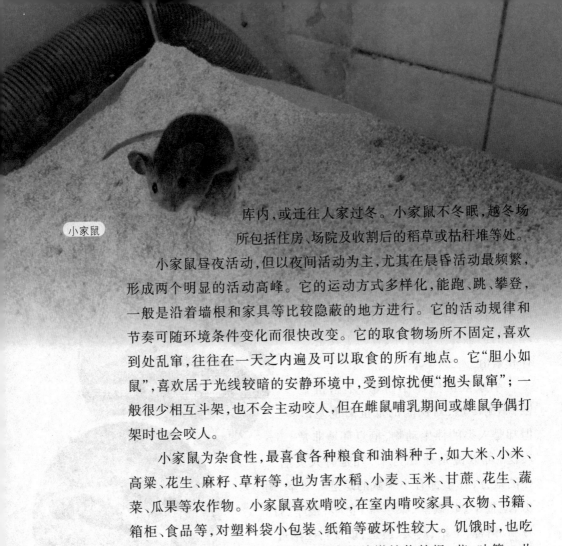

小家鼠

库内,或迁往人家过冬。小家鼠不冬眠,越冬场所包括住房、场院及收割后的稻草或枯秆堆等处。

小家鼠昼夜活动,但以夜间活动为主,尤其在晨昏活动最频繁,形成两个明显的活动高峰。它的运动方式多样化,能跑、跳、攀登,一般是沿着墙根和家具等比较隐蔽的地方进行。它的活动规律和节奏可随环境条件变化而很快改变。它的取食物场所不固定,喜欢到处乱窜,往往在一天之内遍及可以取食的所有地点。它"胆小如鼠",喜欢居于光线较暗的安静环境中,受到惊扰便"抱头鼠窜";一般很少相互斗架,也不会主动咬人,但在雌鼠哺乳期间或雄鼠争偶打架时也会咬人。

小家鼠为杂食性,最喜食各种粮食和油料种子,如大米、小米、高粱、花生、麻籽、草籽等,也为害水稻、小麦、玉米、甘蔗、花生、蔬菜、瓜果等农作物。小家鼠喜欢啃咬,在室内啃咬家具、衣物、书籍、箱柜、食品等,对塑料袋小包装、纸箱等破坏性较大。饥饿时,也吃竹子、树皮及幼嫩植物的根、茎、叶等。此外,它还能咬毁各种电气设备,造成短路,引起停电或火灾事故。

搞破坏只是小家鼠小打小闹的活动,它真正让人胆战心惊的是传播疾病。小家鼠是自然疫源性疾病的宿主和传播

小家鼠能咬毁各种电气设备,造成短路,引起停电或火灾事故

者,可传播鼠疫、流行性出血热、斑疹伤寒、血吸虫病等多种恶性传染病。其中,最广为人知的是鼠疫。

传播鼠疫的"瘟神"

鼠疫,又叫"黑死病",是一种古老的烈性传染病,我国早在春秋、战国时期就有发生鼠疫的记载,《黄帝内经》和《史记》中也有鼠疫的记录。清末医家郑肖岩辑撰的《鼠疫约编》中对其有这样的描述:"何谓鼠疫,疫将作而鼠先毙,人触其气,遂成为疫。""东死鼠,西死鼠,人见死鼠如见虎。鼠死不几日,人死如拆堵。昼死人,莫问数,日色惨淡愁云护。三人行,未十步,忽死二人横截路……"清朝诗人师道南的这首《死鼠行》更为形象地描述了鼠疫猖獗时的惨状。

鼠疫是鼠疫杆菌引发的、致死性极高的恶性传染病,以病情重、病程短、流行快、死亡率高四大特点被列为我国甲类传染病之首,因此又被称为"一号病"。其临床主要表现为高热、淋巴结肿痛、有出血倾向、肺部特殊炎症等。在所有的传染性疾病中,鼠疫是死亡率比较高的一种。如果被感染者没有得到及时有效的救治,很多在2～3天内就会死亡。因此,只要出现一例鼠疫病例,即为重大公共卫生事件。

鼠疫杆菌对人的传播主要有两条途径。一条是人们在剥食患有鼠疫病死的动物时,病菌直接进入创口而感染鼠疫;另一条是以跳蚤为媒介,当跳蚤吸取鼠血后,鼠疫病原体在蚤胃中大量繁殖,形成血栓堵塞前胃,而当跳蚤再吸人或其他动物的血液时,病原体便随之传播扩散。

粮仓

小家鼠

89

跳蚤是鼠疫杆菌的传播媒介

　　根据传播途径的不同,鼠疫又可分为腺鼠疫、肺鼠疫和败血症鼠疫三种类型,它们可以互相交叉发作。其中,肺鼠疫最为凶险,毒力也最强。它除了可以通过上述两种途径传播外,还能通过飞溅的唾沫在人与人之间传播。肺鼠疫的潜伏期很短,感染者在感染后的24小时内就会发病,同时会喷射出大量粉红色泡沫痰,这又加快了鼠疫疫情的传播速度。

　　在世界历史上,鼠疫曾发生三次大流行,死亡人数以千万计。

　　鼠疫的第一次大流行发生在公元6世纪。在公元542年,鼠疫经埃及南部塞得港沿陆海商路传至北非,又从地中海地区传入欧洲大陆,几乎殃及当时所有的国家。这次鼠疫的流行持续了50～60年,极流行期每天有近万人死亡,总共死亡近1亿人。这次大流行也导致了东罗马帝国(拜占庭帝国)的衰落。

　　鼠疫的第二次大流行发生在14世纪。1347年,往来克里米亚与墨西拿(西西里岛)之间的热那亚贸易船只带来了鼠疫,不久便蔓延到热那亚与威尼斯。1348年,疫情又传播到了法国、西班牙和英国;1348～1350年再传播至德国和北欧的斯堪的纳维亚半岛,最后在1351年传播到了俄罗斯的西北部。当时无法找到治疗药物,只能使用隔离的方法阻止疫情的蔓延。

　　这次鼠疫对欧洲的大规模袭击,共有约2500万人死亡,导致了欧洲人口的急剧下

意大利威尼斯

降,在顷刻间就锐减了1/3。如果再加上亚洲、非洲,则共有大约5500万～7500万人在这场疫病中死亡。

这次鼠疫大流行后来也波及了中国。有学者指出,明朝的灭亡与这场鼠疫有着直接的关系。"瘟疫大作,十室九病,传染者接踵而亡,数口之家,一染此疫,十有一二甚至阖门不起者。"这触目惊心的景象首先发生在万历八年的山西大同府。万历十年冬季,疫病传至北京。翌年,又沿京杭运河传至南方。崇祯六年,鼠疫再次席卷而来。由于没有得到及时的控制,山西鼠疫开始向周边省份传播。崇祯九年至十六年,陕西榆林府和延安府相继发生大疫,但明朝政府还继续派发"三饷",要求陕西人民交粮纳税,陷入绝境的关中百姓怎能不反?!

到了崇祯十六年,北京俨然成为人间炼狱。由于死人太多,即使是明亮的白天也让人感到人毛骨悚然。疫情也在军中蔓延开来,兵士在遭受鼠疫侵袭之后,已毫无战斗力,以致北京城墙上,平均每3个垛口才有1个羸弱的士兵把守,这样的军队又怎能抵挡李自成的农民军呢?只是进城以后,大顺军也顺理成章地染上了鼠疫,于是很快就被清军击败。可见鼠疫这个小小的、甚至看起来可能是微不足道的因素,拨动着历史天平向着诡异的方向倾斜,蝴蝶效应又一次在这段历史中得到了印证。

第三次世界鼠疫大流行从19世纪一直持续到20世纪40~50年代,流行范围较广,总共波及亚洲、欧洲、美洲和非洲的60多个国家,几乎遍及世界各地,疫情多分布在沿海城市及其附近人口稠密的居民区,家养动物中也有流行。这次鼠疫大流行又夺去全球约1500万人的生命。

1910年9月,这场震惊世界的大瘟疫在我国东北的中俄边境附近悄然蔓延,很快就扩展至整个东北地区。清朝政府

李自成

一边在山海关设局严防，阻断交通，防止疫情传入北京，一边聘请英、法、俄、日等外国医学专家以及我国海外归国的医学家到东北帮助防疫。当时，毕业于英国剑桥大学的伍连德博士临危受命，不计个人安危，深入疫区，力排众议，从染病者的症状及死亡的症候中推断，这并非通常由跳蚤传播的鼠疫，而是一场烈性极强的流行性肺鼠疫。他再接再厉，通过移风易俗，运用现代医学知识展开防治，终于在1911年3月底肃清了我国东北的肺鼠疫疫情。

北京景山崇祯自缢处

崇祯皇帝像

保持安全距离

不过，在现今，人们已经没有必要对鼠疫产生恐慌了。尽管目前科学家们还没有完全清楚自然界中鼠疫杆菌的存在机理，还不能从根本上消灭鼠疫杆菌。但是，采取有效的措施，将鼠疫控制在自然疫源地已经能够办到。前些年，在我国青藏高原就发生过好几次鼠疫，但由于采取了有效的防控措施，因此并没有大面积传播。

事实上，自从20世纪下半叶以后，地球上就再没有爆发过大规模的鼠疫了。而且，人类已经找到了用抗生素来应对鼠疫的办法。近年来我国鼠疫的发生仅是散发或局部暴发，而且已有比较成熟的预防控制和医疗救治方案，只要做到"三早"——早发现、早治疗、早控制，就能及时控制疫情。

对于个人来说，预防鼠疫还要做到"三要三不"。首先要做到"三要"：发现病（死）的鼠类和其他动物要立即报告；发现鼠疫病人或疑似鼠疫病人要立即报告；发现原因不明的高热病人和突然死亡

人畜共患疾病

人畜共患疾病是指在动物与人类之间自然传播感染的疾病。目前已知200多种疾病能够在人与动物之间传染，常见的有禽流感、炭疽、结核病、狂犬病、口蹄疫等，病原体包括细菌、病毒、支原体、真菌和寄生虫等。

动物是人畜共患疾病病原体的巨大天然储藏库。人类的艾滋病、埃博拉病来自于灵长类；亨德拉病毒、尼巴病毒来自于狐蝠；鼠类能传染50多种人类疾病……这些疫病给人类带来难以估计的危害。

影响人畜共患病暴发和流行的原因是多方面的，有人类的不良行为、病原微生物的变化、公共卫生事业的问题等。现代人类与动物过于频繁的接触，是这些疾病传播的主要原因。因此，人类要充分认识与动物接触的安全性，尊重自然界中的各种生命，保护全球生态系统和生物多样性，才能最终保障人类自身的健康。

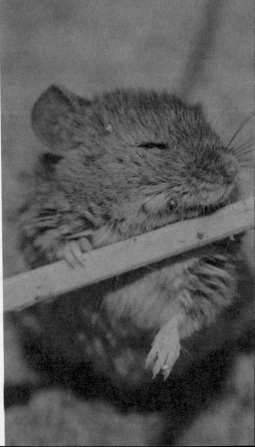

扎好裤腿

户外野游

病人要立即报告。然后再做到"三不"：不接触和食用疫区的鼠类和其他动物；不私自携带疫区的鼠类和其他动物以及产品到其他地方；不到鼠疫病人或疑似鼠疫病人的家中探视、护理或到死者家中吊丧。

例如，前些年在青海某地发生鼠疫时，继首例患者死亡后，所有确诊病例都是他的亲属、邻居以及接诊的村医。他们都是因照顾和探视首例患者，与他有过十分密切的接触而感染。因此，防止感染鼠疫，一定要做到不扎堆、不凑热闹，增强自我防护的意识和能力。

现在，感染鼠疫的最大危险就是在自然疫源地进行一些毫无防护性的活动。近年来，许多城市居民厌烦了城市的喧闹和拥挤，就想到野外去换换心情，于是户外野游逐渐流行，背包客、摄影爱好者等越来越多的人群开始进入荒郊野外。但很少有人想到，如果没有采取任何防护性举措，就有染上鼠疫的可能性。因此，探险者在野外宿营一定要使用睡袋，行走时要扎好裤腿，防止跳蚤的叮咬。遇到死亡的鼠类等动物，一定要及时远离它们，更不要食用它们。

人与人之间应保持适当的距离，人与动物之间也要保持适当的距离，即使是观赏野生动物，也要保持适当的距离，不要干扰它们的正常生活。饲养宠物的家庭更应养成健康的

生活方式，不要和宠物有过分的亲密接触。距离不仅可以产生美，还可以保证我们的安全。

尽管我国在控制鼠疫方面取得了巨大成绩，鼠疫早已不再是威胁人民生命安全的杀手，但我们不能有丝毫的麻痹大意，决不能让它再卷土重来。更何况，鼠疫的病原体——鼠疫杆菌，在病人的排泄物中、干燥粪便或死鼠体内能存活1个月以上，还可借助飞机、车辆、船舶等交

在车站或码头，因发现活鼠或死鼠而引发退货、拒卸的纠纷屡见不鲜

通工具进行远距离传播。因此，世界各国的海关对鼠疫的检查都十分严格，因为稍有疏漏，就可能带来严重灾害。目前在货运车站或码头，因发现活鼠或死鼠而引发退货、拒卸的纠纷，依然是屡见不鲜。

传染病和人类的发展始终相伴相随。在现有条件下，我们还不能彻底消灭传染病，但是可以通过自己的行为来控制传染病的传播。要坚持健康的生活方式，加强自身防护，努力提高自身免疫力。而做到重预防、不恐慌，是免于被传染的关键。

（张昌盛）

深度阅读

李振宇，解焱. 2002. 中国外来入侵种. 1-211. 中国林业出版社.

徐正浩，陈为民. 2008. 杭州地区外来入侵生物的鉴别特征及防治. 1-189. 浙江大学出版社.

徐海根，强胜. 2011. 中国外来入侵生物. 1-684. 科学出版社.

苘 麻

Abutilon theophrasti Medic.

最初人们利用苘麻作为纤维植物引进，到后来它侵入农田成了有害杂草，再后来，人们又发现它可以作为控制农田虫害的诱集植物使用。可见，对待大自然的任何事物，人们都需要不断地探索，才能更为全面地了解其本真面目。对待苘麻这种外来入侵植物也是一样，需要我们对它进行合理的管理、科学的利用。

郊野中的一次植物考察，我无意中在成片的大豆田里看到了久违的苘麻，植株明显高出最高的大豆秧苗的两倍还要多。它高大的身影，或零星、或小片生长于田地里，大大的心形叶片随风舞动，好像军队中的将帅，那种伸展的姿态飒爽、挺拔；而成排种植的大豆，又恰似排好队列的士兵一样，整齐有序。这里明明是大豆的家，大豆却是如此的低调而卑微，苘麻是客人，甚至不是大豆所欢迎的客人，却表现得十分嚣张、放肆。这种强烈的反差，让人诧异。不熟悉苘麻的人，还以为这几株高大植物是农民特别种植的珍贵作物呢，任其生长在田里，遮住了大豆所需的阳光。

看到这样的情形，便让我想起了儿时记忆里的美好片断。家乡村头的池塘边长了成丛成丛的苘麻，高高的个子超过孩子们的身高。夏天里，下雨的时候，小朋友把苘麻大大的叶子折下来当作雨伞，或集体躲在苘麻丛中避雨。秋天到来，苘麻结果了，幼嫩的果实

苘麻的果序

便是小伙伴的美食,大家争抢着在苘麻丛中寻找快要发育成熟的苘麻果实,找到了便把果实对着嘴,挤出幼嫩的种子吃。在那个物质不够丰富的时代,这也算作是美味了。

　　那个时候,除了大人们用苘麻的茎做麻绳,小孩子用苘麻的种子打牙祭,并没有人关注苘麻来自何方。后来人们才知道,田地里这些植株高大的苘麻,是让种植大豆的人大伤脑筋的入侵农田杂草。

这些不请自来的"客人",下车伊始便开始扩张自己的阵地,迅速生长,遮住大豆等农作物所需要的阳光,抢夺土壤里的养分,最后导致农作物的减产。

　　苘麻隶属于锦葵科。锦葵科是一个拥有1000多个物种的大家族,大多数分布于温带、亚热带和热带地区,除极北部寒冷的地区外,几乎出现在地球所有地方。

苘麻花粉电子显微镜图

白居易

锦葵科的许多植物具有花型大、花色美丽、花的结构独特等特点，比如锦葵属、蜀葵属、秋葵属和木槿属等植物，它们常常被作为庭院观赏、园艺设计中首选的花卉植物。人们在公园里、街道旁，经常会看到这些拥有大而美丽的花朵的植物。自古以来，人们给予这些锦葵科植物许多的赞美，《诗经》记载："有女同车，颜如舜华。"这里的"舜华"据考证就是木槿花。唐朝诗人白居易在《长恨歌》中写道"芙蓉如面柳如眉"，把芙蓉花的颜色比拟为美貌女子的面色。另一位唐朝诗人戎昱的《红槿花》中有诗句"花是深红叶麴尘，不将桃李共争春"，以此来赞美木槿花的美丽与美好品质。

这些拥有美丽花朵的锦葵科植物，还常常被人们遴选为市花和国花。朱槿花，俗称扶桑，是中国传统的名花，被广西南宁、云南玉溪和台湾高雄推选为市花；在国外，它被美国夏威夷作为州花，被马来西亚、苏丹等国家尊为国花。木槿花被我国辽宁瓦房店和河北迁安选为市花，同时也是韩国的国花。木芙蓉是四川成都的市花，成都也因此而得名"蓉城"。

锦葵科的一些植物也被广泛作为保健蔬菜食用，比如秋葵属植物的果实已经被美国、英国、法国、日本等发达国家列于新世纪最佳绿色食品名录中，美国人称之为"植物伟哥"，日本人称之为"绿色人参"，许多国家把这种蔬菜定为运动员的首选蔬菜，可见它是一种营养价值很高的新型保健蔬菜。

在锦葵科植物家族中还有一类特别重要

蜀葵

秋葵

木槿

一些锦葵科植物

的植物，以茎内富含纤维而著称，自古就被人类栽培使用。如棉属植物广泛栽培，其种子上的毛（棉绒），是全世界纺织工业最主要的原料，其种子中还含有脂肪，榨取的油称棉籽油，供工业用或食用。

秋葵幼嫩的果实

融入人类生活

苘麻属植物也是重要的纤维植物的一员，除了苘麻属植物之外，锦葵科的木槿属、梵天花属、黄花稔属等植物的茎都具有韧皮纤维，可以用于纺织或制绳索用。在娇艳美丽的锦葵科植物中，苘麻的花朵不那么大，也不那么美丽，属于"长相一般"的一类植物。但它在我国栽培的历史非常悠久，是著名的韧皮纤维作物。它的茎皮能产生一种长而强韧的纤维，可用来制麻绳、麻袋。《唐本草》中记载："苘，即苘麻也。"苏颂在《本草图经》中记载："叶似苎而薄，花黄，实壳如蜀葵，其中子黑色。"李时珍在《本草纲目》中记载："苘麻，今之白麻也，多生卑湿处，人亦种之。叶大如桐叶，团而有尖，六七月开黄花，结实如半磨形，有齿，嫩青，老黑，中子扁黑，状如黄葵子。其茎轻虚洁白，北人取皮作麻。其嫩子，小儿亦食之。"

苘麻的用途比较多，在野外也比较容易辨识。苘麻是一年生亚灌木状草本植物，一般

棉花

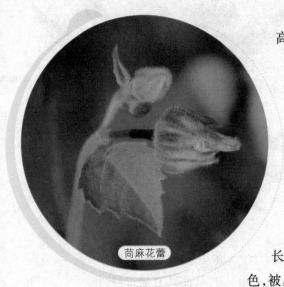
苘麻花蕾

高为1~2米,茎直立,被柔毛;叶大,互生,圆心形,直径7~18厘米,先端长渐尖,基部心形,边缘具圆锯齿,两面密生柔毛;叶柄长3~12厘米,被星状细柔毛;花单生于叶腋,黄色,花瓣5片,倒卵形,长约1厘米;蒴果半球形,直径约2厘米;心皮15~20片,长1~1.5米,顶端平截,轮状排列,密被软毛,各心皮有扩展、被毛的长芒2枚,果成熟后裂开;种子肾形,褐色,被星状柔毛。花期一般在7~8月,果期在9~10月。苘麻原产于南亚地区,有些文献报道原产地为印度,但在热带和温带地方,它作为逸生植物广泛归化,常生长于路旁、田野、荒地、堤岸上。

苘麻的学名是*Abutilon theophrasti* Medic,*Abutilon*为苘麻的属名,种加词*theophrasti*是为了纪念公元前4世纪的古希腊哲学家和科学家泰奥弗拉斯托斯(Theophrastus)而定的。它的英文名有很多,如velvetleaf(或velvet leaf),可翻译成具绒毛的叶片,这个名字是对具有绒毛叶片植物的通称。苘麻叶片两面密生绒毛,所以在国外也经常采用这个名字。它的另外一个英文名字为elephant-ear,从字面的意思可以翻译为大象耳朵,可能是因为苘麻具有大大的叶子,形状略似大象的耳朵而得名。在美国有人推测苘麻来自中国或者印度,所以又有China jute(中国黄麻)和Indian mallow(印度锦葵)两个名字。

苘麻的中文名字也有很多,其中"青麻"用得最多。此外根据苘麻的一些形态特征和生长习性,不同的地区所叫的名字不一样,有白麻、野棉花、叶生毛、磨盘单、野苎麻、八角乌、车轮草、点圆子单、馒头姆、孔麻、磨仔盾、毛盾草、野火麻、野芝麻、紫青、绿箐、野苘、野麻、鬼馒头草、金盘银盏、顷麻、芙蓉麻和磨盘草等。

苘麻的名字中有一个"麻"字,从字面的意思可以看出,它是众多麻类植物中的一种。麻类植物有很多,比如苎麻、黄麻、大麻、亚麻、罗布麻和槿麻等，都是可以用作获取麻纤维的植物。麻纤维是指从麻类植物上取得的纤维，一般是提取植物皮层的韧皮纤维，经过加工处理后用来制作纺织原料。麻纤维属于天然产物，并且具有其他纤维难以比拟的优势，具有良好的吸湿、散湿与透气的功能，传热导热快、凉爽挺括、出汗不贴身、质地轻、防虫防霉、静电少、织物不易污染、穿着舒适等特点。

麻纤维制成的衣物

苘麻用作麻纤维类植物，在我国种植和利用已有悠久的历史，苘麻古称"檾"。《诗经·卫风》中"衣锦褧衣"句中的"褧"字，据东汉许慎和唐朝陆德明等解释，即指"檾"，反映苘麻在我国的利用和种植至少已有2500年的历史。当时苘麻被人们利用作为衣物原料，但由于它的纤维品质不及苎麻和大麻，后逐渐变为制造绳索和包装用品的原料。近代中国苘麻以东北、华北两个地区为主要产地，华东等地也有一定数量。新中国

知识点

诱 集 植 物

诱集植物是用以引诱昆虫、线虫或其他有害生物并以此保护目标作物（主栽作物）免受有害生物危害的植物。诱集植物的利用原理是基于多食性的植食昆虫能够取食多种寄主植物，但它们对某些特定的植物的某一特定生长阶段有独特的嗜食性。因此，将诱集植物适当种植在农田和果园中，利用多食性昆虫对其表现出的取食选择性，就可以把害虫引诱到这些植物上，然后集中进行防控。

采用诱集植物防治害虫具有不污染环境、对天敌安全等特点，不仅可以有效预测虫害的发生发展过程，集中捕杀害虫，还可以作为天敌的培育圃，能够发挥天敌的自然控制作用，从而大幅度减少杀虫剂的使用，节约成本，增加效益，保护环境。

成立之前和成立初期,苘麻种植较多,除了国内自用以外,还有一部分用来出口。从20世纪60年代开始,由于黄麻、槿麻种植业的恢复和发展,苘麻的种植被部分取代。

河边的苘麻

苘麻

　　苘麻除了麻纤维能够利用之外，还可以食用。在南方一些地区，苘麻在3~4月间从土壤中露出嫩嫩小芽，揪下嫩芽，可以凉拌当野菜吃。苘麻长大结出的种子也是可以食用的。在每年的7~8月份，苘麻结果，有些地方把苘麻的果称为"青麻梭儿"，也有地方叫作"麻鬼儿"。在物质生活匮乏的年代里，吃麻梭儿对于小孩子们来说也是最美最得意的事情。刚形成的麻梭儿最好吃，半圆形的麻梭儿，上边是一周尖尖齿形状的刺刺帽，嫩青嫩青的。轻轻咬下去，手指捏着在牙齿上一挤，满包的小白籽儿就全部落进了口中。麻梭儿很香甜，性热，吃多了容易烂嘴角。过了一些天，青麻梭儿长老了，要拔掉果实的刺刺帽，像吃芝麻一样用手指绷着吃，让一串串的种子像机关枪子弹一样射进嘴里，有幽香幽香的爽口味道。

　　苘麻的全草都可入药，苘麻的种子是最常见的中药材。有这样一个传说，据说很早很早以前，苘麻在一次花草选秀中，因其相貌不出众，既无花色又无果香，被百草仙子抛弃，后来被美丽善良的月亮女神收留照顾。苘麻非常感激月亮女神，发誓要做一株有用的草，

108

苘麻成熟的蒴果内藏许多种子

苘麻的花

110

赛龙舟

为人们解除病痛,带来祥和。月亮女神发觉苘麻的心愿后,便从春天到秋天,每天晚上用自己圣洁的光辉沐浴着它。由于得到月亮女神的眷顾,苘麻日日精神抖擞,神采飞扬。苘麻吸收了月亮的精华和天地灵气后,将丹心炼就成一味上成的中药原材料——苘麻籽,具有清热利湿、解毒、退翳的功效,用于赤白痢疾、淋病涩痛、痈肿目翳。最神奇的是,苘麻籽可以治疗眼疾,而且效果奇特。人们世代相传,说这就是苘麻籽受恩于月神的缘故,苘麻籽中凝聚着月亮的清辉,可以带给人们柔和的光明。

我国的传统节日很多,在这些节日中与植物有关的风俗习惯也不少。农历五月初五的端午节,人们除了吃粽子、赛龙

菊花

111

受苘麻威胁的
农作物——玉米

舟之外，还要采艾蒿、菖蒲、薄荷，挂在窗棂上，用以驱邪避害。重阳节这一天，人们登高望远，赏菊花饮酒，还要采摘茱萸的枝叶，连带果实，或身插茱萸，或用红布缝成茱萸香囊，佩带在身上，用来辟除邪恶之气。

在河南北部地区自古以来流传这样一个风俗：在中秋节这一天，人们要采集已经成熟的苘麻籽，放至屋内，用以驱邪避凶，迎吉纳福。人们还用苘麻半球形的成熟蒴果作为装饰素材，编排成花一样的装饰图案印在制作好的半成品糖月饼上，经过烘焙烤制，圆圆的月饼上就布满了美丽的像朵朵小花一样的图案，仿佛一个个古老的神符印在大大的月饼之上。傍晚月亮初上，人们用制作好的月饼以及其他瓜果糕点供奉月神，祈求月亮之神带给人间更多的吉祥、欢乐、和谐。在我国南方的一些农村，每年立秋这天，家家都要为出嫁的闺女做包子，等包子出锅后，要用苘麻蒴果上面的齿轮状花纹，蘸了红色染料在包子上印出美丽的齿轮状花纹，然后才可以把包子送出，让大家一起分享。

苘麻种子

  由于苘麻适应性强,抗逆性强,目前它的足迹已经遍布在全世界30多个国家,包括美国、印度、中国、伊朗、以色列、日本等。最初引进苘麻都是作为纤维作物,而如今苘麻已经成为农田的有害杂草,特别是在棉花田、玉米田和大豆田里。苘麻的存活率高,叶片大,在农田里能够阻挡阳光照射农作物,并在土壤中与农作物争夺养分,从而降低农作物的产量。有研究表明,在每1平方米的大豆田里,如果有2~5株苘麻,便可以导致大豆减产25%~40%。苘麻的种子在土壤中能够保存5年,之后还能顺利发芽生长,这使得防控苘麻的扩散有一定的难度。

  农田里的苘麻由于植株高大,易于分辨,可以采用人工清除的方法,最好选择在其种子成熟之前,这样可以减少其种子散发在农田里的机会。

2米

"嘿,小个子!"

"你把我的阳光挡住了……"

0.5米

在农田里,苘麻的个头要明显比大豆高

113

烟粉虱

苘麻可以用来诱集昆虫

此外,在苘麻生长初期,应用阔草清等化学药物也能够有效防除大豆和玉米田里的苘麻。

不过,人们后来又发现,苘麻虽然是农田里的有害杂草,但同时也是大豆、玉米和棉花等农作物和一些蔬菜害虫的寄主。科学家利用苘麻的这一特性,将苘麻的"地位"从农田的杂草"擢升"为农田里主要的诱集植物,就是通过它来诱集农田和蔬菜地里的害虫,如棉铃虫、B型烟粉虱等。在农作物的整个生长季节里,苘麻将大部分害虫都吸引在自己的植株上,其植株上诱集的害虫可以达到棉花、大豆、玉米、蔬菜等农作物植株上的几十倍甚至上百倍,减轻了害虫对农作物的危害,也便于人们喷施杀虫剂来集中消灭害虫。这样不仅可减少农药施用量、避免环境污染,而且还可增强农田生态系统的自我调控能力。

最初人们利用苘麻作为纤维植物引进,到后来它侵入农田成了有害杂草,再后来,人们又发现它可以作为控制农田虫害的诱集植物使用,可见,对待大自然的任何事物,人们都需要不断地探索,才能更

对于苘麻，人们还需要不断地探索，才能更为全面地了解其本真面目

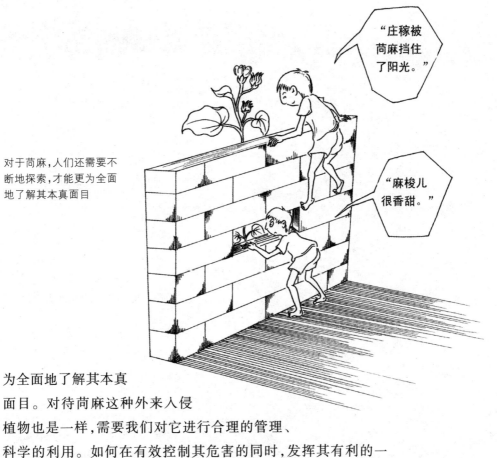

为全面地了解其本真
面目。对待苘麻这种外来入侵
植物也是一样，需要我们对它进行合理的管理、
科学的利用。如何在有效控制其危害的同时，发挥其有利的一
面，也是摆在我们人类面前的一个重大课题。

（徐景先）

深度阅读

田家怡. 2004. **山东外来入侵有害生物与综合防治技术**. 1-463. 科学出版社.

徐正浩，陈为民. 2008. **杭州地区外来入侵生物的鉴别特征及防治**. 1-189. 浙江大学出版社.

万方浩，谢丙炎. 2011. **入侵生物学**. 1-515. 科学出版社.

万方浩，刘全儒，谢明. 2012. **生物入侵：中国外来入侵植物图鉴**. 1-303. 科学出版社.

子陵吻鰕虎鱼

Rhinogobius giurinus (Rutter)

子陵吻鰕虎鱼只是众多外来物种入侵案例中的一个。如此弱小，如此不起眼的一种小鱼，竟然造成了如此大的危害，不能不引起人类的反思：在与"趴趴鱼"的"官渡之战"中彻底失败，人类应该担负什么责任？

一鸣惊人的"趴趴鱼"

在外来物种入侵的名单上，看到子陵吻鰕虎鱼的名字，着实让人吃惊。因为它有一个外号叫"趴趴鱼"，说文雅一点，是指它喜欢静静地伏在水底，所以老百姓这么称呼它；说粗俗一点，就是说它是一种比较小、比较"软弱"、比较笨的鱼，"趴趴"在南方方言中就是软弱的意思。这种鱼确实很容易被人抓住，甚至五六岁的小孩都能徒手将其抓回家。这么好欺负的鱼，能不叫"趴趴"吗？所以在民间，几乎没人知道子陵吻鰕虎鱼这个大名。

子陵吻鰕虎鱼*Rhinogobius giurinus* (Rutter)隶属于鲈形目鰕虎鱼科，这个科的鱼都是小型鱼类，生活在淡水中的种类一般体长不超过10厘米，头大，体形呈棒状，左右腹鳍愈合成吸盘，多栖于江河、湖泊、水库及池塘的沿岸浅滩，体色偏灰色，有不均匀的黑斑。由于"趴趴鱼"的弱和笨，成就了很多在河边、池塘边长大的小孩的美好记忆。记得小时候，一到夏天，孩子们都会跑到河中戏水打闹，玩够了，疯够了，接下来就是摸鱼抓虾。大孩子们会自制鱼钩、钓竿，有的会去找一些网兜、竹筐，还有的会从家里拿来竹编的簸箕，反正各显神通，最后看谁逮的鱼多，谁的鱼大。那些五六岁、六七岁的孩子不会用那些工具，总喜欢跟在大孩子的后面，想沾大孩子的光，也想捞大鱼。但人家嫌他们碍事，不让跟着，他们就被轰到一边，自己独自去找事干。往往这

子陵吻鰕虎鱼

118

子陵吻鰕虎鱼腹面

个时候，河边趴着的"趴趴鱼"就成了小孩子追逐的对象。在河边长大的孩子，天生就懂一点鱼性，他们会仔细观察水底的"趴趴鱼"活动的情况。"趴趴鱼"看见人来，会悄悄地游到小石头边躲起来，或者趴在沙子里，一动不动，这时候小孩子会悄悄靠近，不掀起水纹，慢慢伸出两只小手，沿着"趴趴鱼"可能前进的轨迹，连沙带鱼一起捧起来，十有二三，这些小孩是会抓到"趴趴鱼"的。

就是这种弱小的鱼，居然会对其他那么多大、中、小型的鱼类带来危害，真是匪夷所思，但事实确实如此。科学家通过在其入侵地区的研究发现，子陵吻鰕虎鱼采用非常规作战手段——捕食鱼卵，对当地土著种危害非常大。

在我国，子陵吻鰕虎鱼原产于除西北地区及青藏高原、云贵高原以外的各大水系的江河湖泊。但在2004年，科学家对云南抚仙湖的鱼类调查中发现，作为外来物种的子陵吻鰕虎鱼已经成为常见种，渔获量位居前茅。而湖中原有的土著种，大约有10多种已经难觅踪迹。

如果把"趴趴鱼"入侵的过程比作一场战役，则与三国时期的官渡之战有许多相似之处，都是双方实力悬殊巨大，最后弱小者以少胜多，以弱胜强。官渡之战，曹操出奇制胜，击破袁军，成为中国历史上以弱胜强、以少胜多的典型战例。曹操以其非凡的才智和勇气，写下了他军事生涯最辉煌的一页。同样，"趴趴鱼"也是以它的才智和勇气，力战群雄，最后得以在抚仙湖独占鳌头。

在官渡之战之初，袁绍麾下兵多将广，人才济济，实力远远超过曹操。袁绍文有田丰、沮授、审配、许攸等谋士，武有颜良、文丑、张郃、高览诸将，兵强马壮、粮草充足，令人闻风丧胆。以至于开战之前，因双方实力悬殊，当时大多数人都以为曹操必败，甚至连曹操手下的一些将领也纷纷暗中给袁绍写信，准备一旦曹操失败以后就归顺袁绍。在这种极为不利的局面之下，曹操硬是以小博大，力挽

《三国演义》

狂澜，最终击溃袁军。官渡之战，袁绍缺乏辨别是非的能力，能聚人而不能用人，把忠心耿耿、拼死建言的良谋田丰、沮授投入监狱，把谋士许攸、大将张郃、高览逼反，岂能不败？曹操宽宏大度，善于纳谏，英明果断，也善于笼络人心，采用了许攸所献之计，奇袭乌巢，烧毁袁军的粮草、辎重，动摇了袁军的军心，取得最后辉煌的胜利。

如果把云南的抚仙湖比作三国时期的官渡，子陵吻鰕虎鱼即"趴趴鱼"，就是"曹军"；湖中生活的其他鱼类，特别是土著鱼，就是"袁军"，因为人类号称"万物之长"，自然就是"袁军"的统帅——袁绍。

为何将人类比作袁军的统帅，就是因为人类有时候很自大，认为自己是地球的主宰，统领地球上的各个物种，把自然界的各种动植物都看作是自己的资源和财富，为达到自己的目的，可以恣意地向自然界释放和索取。其实正是人类有着区别于野生动物的聪明才智，就应该自觉地努力保护自然环境，维护自然界的生态平衡，包括防范外来物种的入侵以及所造成的危害。可事实上，由于人类对野生动物栖息地的破坏、污染环境和过度猎捕等行为，给大自然带来了极大的危害。而对于外来物种入侵所导致的灾难，人类更是难辞其咎。在抚仙湖这场"官渡之战"中人类的所作所为，就是自大和贪婪的证据。

袁绍

抚仙湖的"官渡之战"

子陵吻鰕虎鱼标本

历史上,在官渡之战之前,曹操虽然有称霸之心,但由于自己的实力不足,只能隐忍不发,养精蓄锐。而袁绍的势力十分强大,只要攻下官渡,灭掉曹军就指日可待。对曹操来说,官渡就是命脉,一旦官渡失守,自己也就岌岌可危,生死难料,所以官渡必须拼死一战。

20世纪中期,我国经济正处于"大跃进"的时代,当时经济鱼类的移植驯化技术发展较快,很多地区开始引进各种经济鱼类,云南也不例外。著名的抚仙湖,是我国最大的深水型淡水湖泊,湖面积216.6平方千米,湖容积为206.2亿立方米,相当于12个滇池、6个洱海、4.5个太湖的水量。这里冬无严寒,夏无酷暑,适宜很多经济鱼类生长。当地为提高渔业产量,从长江、珠江等水域多次引入一些外来经济鱼类,而"趴趴鱼"就是20世纪60年代引进草鱼时,混在鱼苗中,无意中被带入抚仙湖中的。

"趴趴鱼"原本在家乡只是受点小孩的欺负,但它们被人类随手扔进了一望无际的抚仙湖中后,便过上了背井离乡、颠沛流离的生活。如果不顽强拼搏活下来,它们只能灭亡,没有退路,这里对它们来说就是"官渡"。因此这场抚仙湖的"官渡之战",它们也像当年的曹军一样,是被迫迎战的,而且也是只能胜,不能败。

一、军事力量对比

"曹军"——

兵微将寡,没有威震四方的良帅名将,只有一种"趴趴鱼",中文名子陵吻鰕虎鱼,在分类上隶属于鲈形目鰕虎鱼科吻鰕虎鱼属,身体很小,全长约3~10厘米,长筒形。头宽大,吻圆钝,口前位。体被栉鳞,无侧线,背鳍两个,腹鳍愈合成长吸盘状。喜欢匍匐于水底。

进攻手段:喜食水生昆虫或底栖性小鱼以及鱼卵。

防御手段一:4~5月产卵,1龄达性成熟。性成熟较早,所以能

121

子陵吻鰕虎鱼

够很快地繁衍后代,扩充兵力。

防御手段二:将卵产在沙穴中,不易被"敌军"发现,保存了有生力量。

防御手段三:身着迷彩,匍匐水底。身体花纹跟水底泥沙色彩相近,一般情况下能够躲过"敌军"的巡视。此外腹部的一对腹鳍,愈合起来成为吸盘状,借此可以附着在岩石上面,从而避免被水冲走。

兵力数量:与"袁军"相比,可忽略不计。

"袁军"——

兵多将广:当时,在抚仙湖中共有大约39种其他鱼类,它们均与"趴趴鱼"没有寄生、共生关系,因而均可视为"趴趴鱼"的"敌人",与之有或远或近的竞争和捕食关系。

"大将军":"四大家鱼"(实际上,它们也是这里的外来物种,但也是"曹军"的敌人)、云南倒刺鲃、花鲈鲤等大型鱼类。它们身体壮,力气大,大的可以长达1米左右,小的也有34~40厘米。在湖中,它们总是威风凛凛,像"大将军"巡视一般,游来游去,无人敢挡。比如云南倒刺鲃,隶属于鲤形目鲤科倒刺鲃属,体长60厘米,最大个体重达20千克左右;花鲈鲤,隶属于鲤形目鲤科华鲮属,行动迅速,为凶猛性鱼类,专猎食小型鱼类,常见的体重为0.5~1千克,最大达15千克。

"副将":乌鳢(黑鱼)、黄颡鱼、鳗鲡、欧洲鳗鲡、红鳍原鲌、胡子鲇等，不仅种类多，数量也很庞大。它们的个体比"大将军"略小一些，却也异常凶猛。乌鳢俗称黑鱼，是著名的肉食性鱼类，隶属于鲈形目鳢科鳢属，体长一般约30厘米，凶猛贪婪，能吃下约自身体重50%的食物；鳗鲡隶属于鳗鲡目鳗鲡科鳗鲡属，昼伏夜出，食物中有小鱼、蟹、虾、甲壳动物和水生昆虫，既能吃掉"曹军"，也能吃掉"曹军"的食物。

"士兵"：麦穗鱼、棒花鱼、中华鳑鲏、云南光唇鱼等。这些"士兵"或是能吃掉"曹军"的后备力量（鱼卵），或是能吃掉"曹军"的粮草，最不济的，也能够占据地盘，不许"曹军"安营扎寨。比如中华鳑鲏，隶属于鲤科鳑鲏亚科鳑鲏属，生活在淡水湖沼底层，杂食性。棒花鱼隶属于鲤形目鲤科棒花鱼属，生活在静水或流水的底层，主食无脊椎动物，在沙底掘坑为巢，产卵其中，雄鱼有筑巢和护巢的习性。这些小鱼虽然不会直接吃掉"趴趴鱼"，但能与它争抢食物和生存空间。

进攻手段一：肉食性的鱼类，最简捷的一招：吃掉比它小的鱼。有的是直接猛扑，有的会

"袁绍"的"部队"

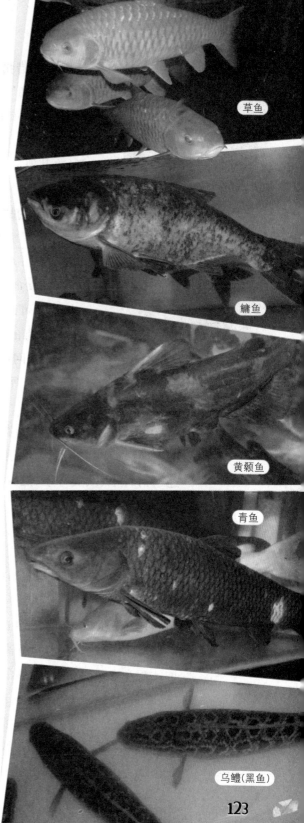

草鱼

鳙鱼

黄颡鱼

青鱼

乌鳢（黑鱼）

123

胡子鲇标本

迂回靠近猎物,只要是适口的鱼,逮着了就往肚里咽。"趴趴鱼"个体小,对大多数肉食性的鱼类来说,它们都是适口的食物。

进攻手段二：一些小型的肉食性或杂食性的鱼类,吃其他鱼的鱼卵或幼鱼。

进攻手段三：占据领地,尤其是在繁殖季节,为保护领地的战争甚是激烈。

"袁军统帅"：人类,在分类上隶属于灵长目类人猿亚目人超科,"学名"是智人。他们喜欢捕鱼、吃鱼,性贪婪,不知道满足,昼夜活动,全年无休。

他们还可以用电动拖网、灯光诱捕和地笼大批量捕捞,狠毒的会用电、用毒捕鱼,最温柔的手段是钓鱼或者用手抄网抄鱼。

防御手段：相对于"曹军"如此微弱的力量,"袁军"根本就不设防,只需进攻就可以了。

兵力数量：在当地大约有近5万人口,其中渔民近1万人,而吃鱼的人,暂时无法统计,因为抚仙湖的鱼,不仅在昆明、澄江地区销售,还远销日本、欧美等地,这些需求,都是捕鱼的动力。"大将军""副将"和"士兵"的数量也十分庞大,无法统计。例如,在20世纪80年代,抚仙湖中仅糠浪白鱼的产量就在400～500吨之间。总之,"袁军"的数量实在是太庞大了。

二、作战初期军队思想动态对比

"曹军"：整体思想状态一致,就是背井离乡,无依无靠,所以害怕、恐惧。对当前自身处境这种清醒认识,使它们明白,没有退路,只能背水一战。因此,目标高度明确、高度统一,就是用尽自己所有的才智和力量,使种族能够活下来,并繁衍后代,不断壮大。此时的"趴趴鱼"正暗合了当年曹操对英雄的评价："胸怀大志,腹隐良谋。"

"袁军"：思想状态一片混乱,不知道谁是敌、谁是友;不知道敌方的战略和兵力,也不知道我方的优势和劣势;整天就是要么老子天下第一,要么事不关己,我吃饱喝足就是了,混沌不堪。此外,从

"统帅"到"士兵",都各有各的小算盘,它们只是从力量上分出了"将帅""士兵"的等级,其实在指挥作战、协调行动方面,根本就是一盘散沙,谁都不听谁的,谁跟谁都挨不着,还有各种大大小小的、残暴的内讧、内耗。

历史上,曹操曾对袁绍有两次评论,用于描述此时"袁军"的状态,甚是贴合。一句是曹操与刘备青梅煮酒论英雄时说道:"袁绍色厉胆薄,好谋无断;干大事而惜身,见小利而忘命:非英雄也。"另一句就是官渡之战,袁绍来袭之时,曹操说他:"吾知绍之为人,志大而智小,色厉而胆薄,忌克而少威,兵多而分画不明,将骄而政令不一,土地虽广,粮食虽丰,适足以为吾奉也。"这两句话也是现在抚仙湖"袁军"的写照。

知识点

鰕虎鱼

鰕虎鱼亚目是鲈形目中最大的一个类群,全世界现在有9科270属约2211种,中国有9科106属307种。它们个体很小,一般只有3~10厘米,身体前部略呈圆柱形,后部侧扁,无侧线。背鳍2个或1个,左右腹鳍极其接近,大多数愈合成一吸盘,后缘完整或凹入。鰕虎鱼类只有少数是淡水鱼类,大多数是在海洋生活,栖息于近岸潮间带或底质为泥沙、岩礁的浅海区,或是淡水河流中。

鰕虎鱼类在英语中称为goby,源自拉丁语gobi,意思是一群无经济价值的或无食用价值的小鱼。实际上,现在的鰕虎鱼类已不再是无价值的小鱼了,许多生活在温暖海边的种类,已经成为名贵的观赏鱼,给当地经济发展是作出了很大贡献的。它们身躯娇小、体色鲜艳,受到了观赏鱼界的追捧。比如产自印度洋的珊瑚礁地区的黄体叶鰕虎鱼,俗称蟋蟀,通体为亮黄色,性情温和。长棘栉鰕虎鱼,也是来自印度洋的美丽品种,身体半透明,许多红色及白色斑点覆盖全身,有一个黑色生动的、长长的背鳍,所以俗称黑天线虾虎。我国沿海的鰕虎鱼体色相对比较素净、比较单调,不如国外的漂亮,因此养殖的观赏鰕虎鱼大多要从国外进口,价格比较昂贵。

125

《京剧净角》邮票中的曹操

两军交战前期：

"曹军"：惊魂未定的"趴趴鱼"，被人类扔进抚仙湖，它们四处逃窜，急急忙忙寻找藏身之处。水草下、砾石边，只要有点遮挡，没有"袁军"，就窜过去，躲起来，趴在沙土上，不时警惕地打量四周。稍稍安定几日后，就小心翼翼四处打探，熟悉身边环境，只要逮着机会，就出来偷食、抢食，填饱肚子，不管未来如何，当前要紧的是活下来。

战争初始，"曹军"就战战兢兢、躲躲藏藏地熬着。一段时间后，它们发现，"袁军"根本就没把它们当回事，不怎么搭理它们，不管大鱼、小鱼从它们身边游过，顺手逮着了，就吃掉，没逮着，也不穷追猛打；人类撒下的什么拖网、地笼，甚至是恶毒的电鱼、毒鱼，从来都是不问青红皂白，不分敌我，统统打杀，也没有专门追杀它们。前前后后几个月，"趴趴鱼"大大小小的正面交战也有几百个回合吧，也损失了一些兵力，但对"袁军"的状态和战场的环境摸得清清楚楚了：抚仙湖很大，水很好，温度适宜，食物丰富，感觉比自己的家乡一点也不差；自己的对手，"袁军"貌似强大，其实外强中干，破绽百出，只要稍加留意，完全可以取胜。

接下来的策略是，面对"袁军"，避其锋芒，以"躲"字诀保存实力，守住已有地盘的同时，步步为营，逐步扩大活动范围，积极繁育有生力量。

"袁军"："袁军统帅"——人类，完全是糊涂的指挥官。首先做事马虎，在把其他鱼种带入云南的时候，不仔细检查是否有混入之鱼。其次，还有当时人类最大的问题——无知，以为这些毫不起眼的鱼，没有什么大不了的，有可能活不下来，即使活下来，在偌大的抚仙湖，它们根本是不值一提，因为在原产地，这些鱼就没人把它当回事。当然，对其后的发展也是从不调查、从不管理。在这件事情上，人类没想到从此以后，会被这些小不点打得节节败退。

人类此时在琢磨的是湖中其他鱼类，几百吨的草鱼、几百吨的糠浪白鱼、上千吨的银鱼……怎么会将毫无用途的"趴趴鱼"放在眼里呢？

此外，"袁军"中从"大将军"到"士兵"，都不会把区区几只小鱼放在眼里。尤其是当地的土著种，虽然有争斗、厮杀，但经过千万年来的磨合，它们已经达到了较好的平衡：强的、弱的，大的、小的，各自有了相对稳定的生存方式，抚仙湖下的水族世界，平静、悠闲。忽然人类带着他们先进的技术来了，投进了多种他们研究发现的将会高产的鱼种，这些鱼种打破了原来的平衡。它们需要与湖中所有的生物重新磨合，在那个阶段，所有的土著种与外来种是敌对的关系，此涨彼落，你进我退。数量非常之少的"趴趴鱼"，形不成一股力量，所以在最初的土著种与外来种的战争中，完全被忽视，偶尔有个别毫无戒备或一时疏忽的，才会落入鱼口。

总的来说，在前期，"袁军"根本就无视"趴趴鱼"的存在，既无攘外的意识，也无安内的决心。

中期：

"曹军"：从第一代有生力量诞生后，"曹军"信心满满，开始把抚仙湖当成自己的第二故乡来经营。它们利用自己迷彩一般的体色，隐藏躲避天敌，更厉害的是还能迷惑"袁军"，摸进它们的领地、军营，偷食鱼卵，偷食刚刚孵化不久的幼鱼，将它们的有生力量消灭于摇篮之中。可怜的"袁军"，大多数都是将鱼卵产在岸边、水底，而这些地方都是"曹军"喜欢活动的区域，"趴趴鱼"岂有放过之理！于是，很多鱼卵、幼鱼就成了它们的腹中之物。几年以后，"趴趴鱼"的后代呈几何级数、翻着跟头增长，在"袁军"毫无察觉、稀里糊涂的时候，它们像一

子陵吻鰕虎鱼

股躲在角落里的暗流，疯狂地膨胀，此后抚仙湖的各个角落，都有了"趴趴鱼"那躲躲闪闪的身影。

这个时期的"曹军"，已经站稳脚跟，以"主人翁"的姿态纵横于

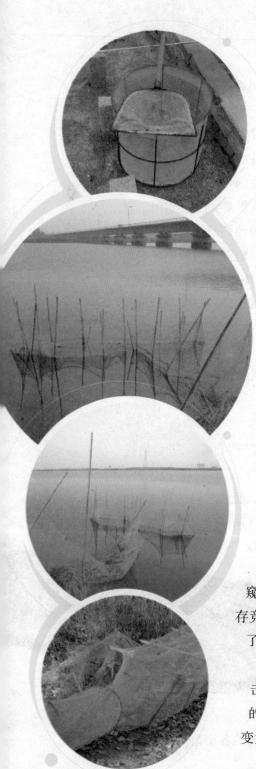

捕鱼网具

抚仙湖。

"袁军"：此时的"统帅"——人类，不仅没有警惕和防范"趴趴鱼"的行动，还助纣为虐，大肆捕捞抚仙湖的各种经济鱼类。20世纪80年代中期，人类的捕捞技术得到飞速发展，他们使用电机捕鱼，一网捕起过1000多千克的鱼。此后的10多年里，上千张渔网在柴油机船的拖曳下在湖里反复搜刮，几百个拖拉机头和电机不分白天黑夜地在湖边轰鸣。他们哪里想过，自己身为统帅，要维护一方水土平安，保护这里的生态安全。这个时候，他们反而成了造成生态危机的始作俑者。

结果，从"大将军"、"副将"到"士兵"，节节败退，溃不成军。一方面是"统帅"疯狂捕捞，最后绝大多数青壮年的鱼命丧人腹；另一方面，未成年的小鱼，还有鱼卵，在它们毫无抵抗能力的时候，成为"趴趴鱼"的食物，常常是成百上千的鱼卵，没有几个能够长大成鱼。哪里有鱼卵，哪里就有"趴趴鱼"窥探、偷捕的身影，个别种类由于产卵量小，生存竞争的意识不强，或是竞争能力比较弱，已经有了绝迹于抚仙湖的迹象。

在这个阶段，"曹军"已经展开了全面反击，无论是什么鱼的卵和幼鱼，只要进入它们的视野，都毫不客气地消灭。"趴趴鱼"从稀有种变为常见种，数量稳步增加。

此时，抚仙湖中人类毫无节制地滥捕滥杀，受到冲击最大的是土著种类，它们的数量急剧下降。据统计，2001年糠浪白鱼的产量只有0.9吨，与10多年前400～500吨的数量相比，是很让人吃惊的。"袁军"看到了自己的力量在逐渐衰落，可还是没有意识到外来物种入侵的危害。

后期

"曹军"：在2004年鱼类资源调查中，人们使用专门捕捞小型、底栖鱼类的地笼采集样本分析，发现"趴趴鱼"的数量已经位居这类鱼种的第二位，它也正式进入了我国外来入侵物种的名单。"趴趴鱼"个体这么细小，原来的数量也是微不足道，却在这么庞大的敌人面前，取得如此大的胜利，成为外来鱼类入侵史上一个以少胜多、以弱胜强的典型事例。同时，在云南的物种地图上，有了子陵吻鰕虎鱼的名字，其分布版图不可逆转地扩大了。

"袁军"：当人们发现在抚仙湖中难觅糠浪白鱼的踪影时，也再见不到云南瓣结鱼、抚仙四须鲃、褚氏云南鳅等土著鱼了，他们终于意识到了自己的错误。他们想竭力挽回损失，利用自己的聪明才智把"趴趴鱼"从抚仙湖中清除。可是，这些适应能力强、繁殖力高的"趴趴鱼"，要其自然消亡是不可能的。由于它们个体细小，只能针对性地用密网眼方式开展捕捞。但在彻底捕捞的同时，也会将大量濒危的当地土著鱼类捕获。往往是杀敌一百，自损一万！"袁军"付出的代价

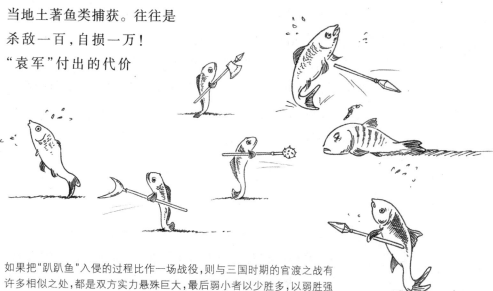

如果把"趴趴鱼"入侵的过程比作一场战役，则与三国时期的官渡之战有许多相似之处，都是双方实力悬殊巨大，最后弱小者以少胜多，以弱胜强

太大,如果坚持用这种方式杀敌,很有可能是敌军未灭,自己的兵力却所剩无几了。此时的"袁军统帅"面对宽广的抚仙湖,也是束手无策。由于自己的无知和贪婪,他们已经对抚仙湖造成了无可挽回的损失。事实上,湖中的外来入侵物种除了"趴趴鱼"外,还有其他14种鱼类。人类目前还没有任何好的办法赶走入侵者。

可怜的"袁军"看到自己的后代越来越少、地盘越来越小,都想杀死"趴趴鱼",但千万年来,它们学会的技能中,没有多少专门对"趴趴鱼"有效的招数。一是它们很难发现善于伪装、躲藏的"趴趴鱼";二是好不容易发现了,却不会把趴在石缝中、沙土里的"趴趴鱼"吃进腹中,所以只能眼睁睁地看着自己的后代落入"趴趴鱼"的口中。庞大的"袁军"空有十八般武艺,对这种"狡猾"的"曹军"都毫无用处。

外来物种之所以在原产地不会造成危害,就是因为那里的物种经过千百万年的竞争,相互制约,限制了某一个物种的一家独大,所以在原产地它们往往并不会造成危害,人们也就忽视了它潜在的破坏力。

战争评论:

三国时期,曹操在官渡之战中击溃了袁绍,增强了自己的实力,为统一北方奠定了坚实的基础。同样,当代抚仙湖中的"曹操"——

子陵吻鰕虎鱼也在它的"官渡之战"中大获全胜,为问鼎高原地区创建了一个良好的开端。在成功入侵抚仙湖之后,子陵吻鰕虎鱼又继续向云南的其他高原淡水湖泊和青藏高原的淡水湖泊挺进,不断扩大自己的势力范围。但是,从自然界生态平衡的角度来说,"袁绍"所代表的土著鱼类等的失败,则意味着这一地区生态平衡的破坏和生态安全的丧失。

几种观赏鰕虎鱼

外来物种入侵成功,一方面是该物种适应环境能力强,新环境中天敌少,或者没有天敌,另一方面也是由于人们的无知、贪婪和狂妄造成的。人类为了追求更好的物质生活,无视生态环境的存在状况和条件,人为地改变或掠夺生态资源,促使了外来物种的入侵和发展,最后导致不可挽回的经济损失和生态损失。

子陵吻鰕虎鱼只是众多外来物种入侵案例中的一个。如此弱小、如此不起眼的一种小鱼,竟然造成了如此大的危害,不能不引起人类的反思:在与"趴趴鱼"的"官渡之战"中彻底失败,自己应该担负什么责任?

（杨静）

深度阅读

熊飞,李文朝,潘继征等. 2006. 云南抚仙湖鱼类资源现状与变化. 湖泊科学,18(3): 305-311.

李家乐,董志国. 2007. 中国外来水生动植物. 1-178. 上海科学技术出版社.

严云志,陈毅峰. 2007. 抚仙湖子陵吻鰕虎鱼繁殖策略的可塑性研究. 水生生物学报,31(3): 414-418.

熊飞,李文朝,潘继征. 2008. 云南抚仙湖外来鱼类现状及相关问题分析. 江西农业学报,20(2): 92-94.

王迪,吴军,窦寅等. 2009. 中国境内异地引种鱼类环境风险研究. 安徽农业科学,37(18): 8544-8546.

徐海根,强胜. 2011. 中国外来入侵生物. 1-684. 科学出版社.

意大利苍耳

Xanthium italicum Moretti

目前，意大利苍耳在我国的主要入侵地均位于人类活动频繁的地区。因此，我们必须加大对旅游景区、大中城市工厂厂区、高校校区等人类活动频繁的地区的监测力度，对入侵的意大利苍耳及早采取根除措施。

意大利苍耳果实上的倒钩刺

聪明的"朋友"

说起苍耳,很多人都不陌生。尤其是很多小朋友,在树林里玩捉迷藏游戏的时候,常常会在头上、身上、衣服上、鞋子上都扎满了"小刺猬"一样的苍耳,十分有趣。

苍耳是一年生草本植物,植株有20~90厘米高,在分类学上隶属于菊科苍耳属。在我国各地的平原、丘陵、低山等地带的山坡、荒野、路边、沟旁、田边、草地、灌木丛等处都可以见到。

苍耳成熟以后,就结出了长满密密麻麻小刺的纺锤形或卵圆形果实。每一个小刺的顶端都带有倒钩,可以牢牢地抓住动物的皮毛,不容易脱落。如果有动物从它们旁边经过,这些果

刺猬

实就会粘在动物的身上。动物四处活动时,就会把苍耳的种子带到其他地方。就这样,苍耳的果实借助动物做了一次"免费"的旅行,而这些动物也在无意间帮助苍耳传播了种子。

不只是动物,秋游归来的人在衣裤上也难免挂着苍耳的果实。唐朝大诗人李白在《寻鲁城北范居士失道落苍耳中见范置酒摘苍耳作》中就有"不惜翠云裘,遂为苍耳欺"的诗句,意思是:不在乎这么珍贵的翠云裘衣,也粘满了许多苍耳。可见,自古以来,人类也在不知不觉中为它的种子传播尽了义务。

人类帮助了苍耳,苍耳也对人类有很大的贡献。设计尼龙扣的瑞士发明家乔治就是从苍耳那里得到的灵感。

乔治很喜欢带着他的爱犬到树林里去散步,回来的时候却常常发现在爱犬的身上和他自己的衣裤上都粘满了苍耳,粘得很牢,怎么甩都甩不掉,除非用手一一拔掉,而且要把它们拉下来还真得费一番工夫才行。这一现象引起了乔治的好奇心,他用放大镜仔细观察这些果实,终于发现了其中的奥秘。原来,在苍耳的果实上,每个刺的顶端的结构都是一个小钩子,它可以轻易地钩在有线圈结构的衣料上。受此启发,经过反复研究后,他发明了一种尼龙扣,一边是一排排的小钩子,另一边是密密麻麻的小线圈,具有一粘即合、一扯即开的特性,被广泛地应用于服装、鞋帽、箱包等。

苍耳对人类的直接贡献则是它可以入药,称为苍耳子,也叫葈耳实、羊负来、道人头、胡寝子、胡苍子、粘头婆、虱马头、老苍子、苍浪子等,具有降血糖、抗菌、抗氧化、消炎、镇痛等功效,主要以

李白

135

孙思邈坐虎灸龙像

治疗风寒头痛等症为主。在我国，对苍耳最早的记载是《诗经》中的"卷耳"和《尔雅》中的"苓耳"。而作为中草药，它最早记载于《神农本草经》，名为"菓耳实"，后来在唐朝孙思邈的《千金食治》中才开始称其为"苍耳子"。不过，苍耳子"味苦辛，微寒，有小毒"。成人服用苍耳子超过100克即可能中毒，表现为头晕、嗜睡甚至昏迷，严重时会出现呼吸、循环、肝肾功能衰竭等症状。通过中药炮制的办法，苍耳子的毒性明显减小，只有当炮制不当，如受热不均造成未炒透、炒制时间不足等情况下，才会出现中毒的现象。所以，苍耳子在药用时必须炒至焦黄，使脂肪油中所含的毒蛋白变性，凝固在细胞中不被溶出。

狡猾的"敌人"

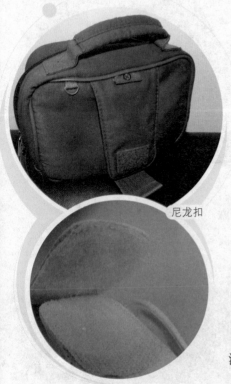

尼龙扣

近几十年来，在我国境内陆续出现了一些形态跟苍耳类似的植物。以北京为例，1974年在北京丰台区发现了一种刺苍耳，生长在榨油厂附近的垃圾上；1991年在昌平区北七家镇马坊桥的沟渠边发现了一种意大利苍耳，以及一种平滑苍耳。那么，它们是否也像苍耳一样，成为人类的朋友，为人类作出贡献呢？

让我们先看看这些新出现的"苍耳"的来历。原来，世界上共有大约25种苍耳类植物，但上述的几种苍耳都不是我国的土著植物，而是外来入侵的物种。其中，刺苍耳 *Xanthium spinosum* L.原产南美洲，目前广泛分布于欧洲的中部和南部，偶尔也出现在欧洲更北的地方，同时也广泛分布于西北太平洋

平滑苍耳

北京房山拒马河　　　北京门头沟小龙门林场

北京八大处公园

地区，成为一种世界性的杂草。我国首先在河南郸城县发现野生的刺苍耳，据说是从前由传教士带入的。目前，它已广泛分布于河南东部、安徽西北部、北京丰台、辽宁大连、内蒙古呼和浩特和宁夏等地。平滑苍耳 *X. glabrum*（DC）Britton原产于北美洲，我国于1991年在北京市昌平区北七家镇马坊桥首次发现，后来又出现在河北、广东等地。意大利苍耳 *X. italicum* Moretti原产于北美洲，后来扩张到欧洲的西班牙、法国、德国、英国、意大利、瑞典，亚洲的朝鲜、日本、以色列、叙利亚、黎巴嫩，大洋洲的澳大利亚和南美洲的巴西、阿根廷、秘鲁、巴拉圭和哥伦比亚等地。在北京昌平发现第一株意大利苍耳后，它在我国的分布面积和扩张速度不断增长，相继在北京石景山区八大处公园、昌平区北沙河、密云县密云水库撂荒地、房山区十渡拒马河边、延庆县官厅水库、朝阳区洼里北京师范大学分校区院内、门头沟区百花山和小龙门林场，以及辽宁沈阳东陵、浑河沿岸、锦州凌海、鞍山千山区钢铁厂厂区

生物检疫

在自然界中，每一种生物都有各自一定的分布区域。许多动植物体以及它们携带的危害性病、虫，会随这些物种及其产品的传播而传播。这些物种及它们携带的病、虫进入新地区后，往往因新地区的气候环境条件适宜而迅速蔓延，给当地造成严重危害，给人类和自然生态环境带来巨大损失。

因此，为了防止人类传染病及其医学媒介生物、动物传染病、寄生虫病和植物危险性病、虫、杂草以及其他有害生物经国境传入、传出，保护人体健康和农、林、牧、渔业以及环境安全，要实行进出境检验检疫制度。对进出境的动植物、动植物产品和其他检疫物，装载动植物、动植物产品和其他检疫物的装载容器、包装物，以及来自动植物疫区的运输工具，依照相关法规定实施检疫。

实施动植物检验检疫监督管理的方式有：实行注册登记、疫情调查、检测和防疫指导等。其管理主要包括：进境检疫、出境检疫、进出境携带和邮寄检疫以及出入境运输工具检疫等。

大豆

棉花

玉米

意大利苍耳
危害的农作物

路边,山东威海山东大学威海分校和广西桂林等地出现,呈现间断式的分布格局。据科学家采用生态位模型进行的预测,我国除青海、西藏、新疆天山山脉以南和内蒙古自治区北部地区外,大部分地区都是意大利苍耳的适生区。

这些外来入侵的"苍耳"们,不仅它们的果实没有药用价值(有些不法奸商就用它们的果实以"鱼龙混杂"的方式,掺假货骗人),而且对我国的农业、畜牧业和生物多样性造成严重危害。因此,它们非但不是为人类作贡献的朋友,反而是给自然环境带来灾难的敌人。其中,意大利苍耳是危险性更大的一种,它在我国被列为限制输入的检疫性杂草。

意大利苍耳生长快,繁殖力强,适应性也很强,在荒地、田间、河滩地、沟边路旁都能生长,在湿润地、水浇地、沟渠边生长得更加茂盛高大。它们在农田之外的田边、地头、林缘、路旁等处常常形成一个庞大的"种子库",对农田形成包围的态势。

它的植株覆盖度大,竞争力强,与当地物种争夺水分、营养、光照和生长空间,很容易形成单一优势种群,抑制本土植物的生长,导致当地生物多样性降低。在农田中,它与农作物争夺生存空间,给农作物

茄子幼苗与意大利苍耳幼苗很相似

意大利苍耳

苍耳的果实

和生态环境都造成了严重的危害。据研究,意大利苍耳主要危害玉米田、棉花田、大豆田等农田,其8％的覆盖率就能使农作物减产达到60％。由于苍耳的幼苗与茄子的幼苗很相似,因此苍耳也被叫作"野茄子"。不过,意大利苍耳却特别善于与茄科作物在成花临界期竞争阳光,造成作物减产。意大利苍耳的幼苗有毒,牲畜误食会造成中毒。

此外,意大利苍耳入侵农田还给农田的管理带来了不便,因为它的植株高大,呈团块状分布,且果实具刺,不易被人工去除。它的果实可以混入籽粒较大的农作物(如大豆、玉米)种子当中,降低农作物种子的纯度。它的果实在草原牧区对羊毛产业也是一大害。带刺的果实容易粘附在羊毛上,很难清除,能显著影响羊毛的产量和品质。

"两面下注"的生存策略

意大利苍耳是一年生草本植物,侧根分支很多,长达2米以上;直根深入地下达1.3米,还可以发育成很大的气腔,贮存空气。它的植株较高,可达2米左右。植株为淡绿色,带有黑紫色的斑点。茎直立,粗壮,基部稍木质化,多分枝。叶互生,宽卵形或心形,3～5浅裂,叶片两面被有贴生的糙伏毛。它每年7月前后开花。花小,绿色,头状花序单性同株,单性雄蕊或雌蕊生于近轴面叶柄基部或者小枝上。结果的时间为8~9月,总苞结果时为长圆形,密生4~7毫米的倒钩刺,刺的近中上部以下生有密集的白色透明刚毛和短腺毛,这也是它的主要识别要点。一株发育良好的植株可结500~2400个果实,非常有利于物种的繁衍和传播。

说到这里,不得不提意大利苍耳"两面下注"的生存策略。在讲这个策略之前,我们先了解一个名词:种子异形性。简单说,这就是同一植物的不同部位产生两种或多种类型种子的现象。在同一种植物中,不同类型的种子常在散布、休眠、萌发和幼苗生长等生态行为方面存在一些差异,这些差异可能是遗传和环境因素共同作用的结果。种子异形性集中出现在菊科、藜科和十字花科植物中,特别是那些常生活于荒漠、盐碱地、海滨或人类活动频繁地区的植物。它的好处是,不同类型的种子,可以通过产生不同休眠程度和空间散布程度,在时间和空间上分散风险,从而适应不同的环境条件。这就像打仗时,既有空中部队可实施远程攻击,也有地面部队能进行近身肉搏。

意大利苍耳就掌握了"两面下注"的生存策略。它能产生两种类型的种子,其每个头状花序产生的总苞内只包含两粒种子,位置较高的种子称为上位种子,另外一粒为下位种子,二

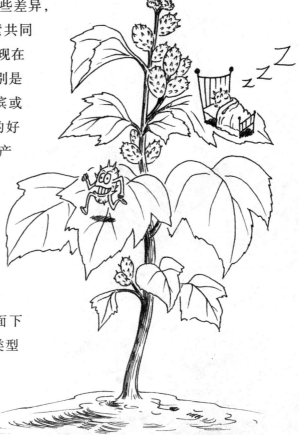

意大利苍耳上位种子体积较小,休眠时间长,萌发晚;下位种子体积较大,休眠时间短,萌发早

者分别发育形成上位植株和下位植株。上位种子体积较小，休眠时间长，萌发晚；下位种子体积较大，休眠时间短，萌发早。别小看这个时间差，它大大提高了意大利苍耳的生存能力。

当环境条件对种子萌发有利时，早萌发对植物的生存是一种优势，这种优势体现在植株具有更强的占据可用空间、利用有限资源的能力。在相同条件下，意大利苍耳下位种子从播种到50%萌发需要13～15天，比上位种子快5～7天。

休眠对种子的萌发也有重要影响，它是植物种子逃避逆境条件的一种重要的适应策略。种子在不利环境的胁迫下暂不萌发但保持活力，等待条件适宜时再萌发，从而保证了幼苗的健康发育和种群的延续。意大利苍耳上位种子有较长的休眠时间。倘若下位种子生长发育受到不利影响，上位种子的后续萌发就可以弥补种群的数量，维持种群延续的稳定性。

植物生长的早期是种群发展的敏感阶段，在这个阶段植株最容易受到不利环境的胁迫而影响发育，甚至死亡。植物早期长势越好，就越能抵抗更强的环境胁迫和争夺更多的环境资源，获得更大的生殖成功可能性，进而确保生活史的后续阶段顺利发展。在植株生长早期，意大利苍耳下位植株主茎上的叶片在单位时间内的叶面积增量、株高都显著大于上位植株，说明下位植株较上位植株在种群发展的敏感阶段具有更强的生存能力。另外，意大利苍耳下位植株一级分枝较长、一级及二级分枝数较多，为形成更多的雌花序和果实创造了条件，为下一年种群的发展提供了更多的机会，这表明下位种子较上位种子有更强的种群延续、增

荒野中的意大利苍耳

长和扩散能力。

如果让下位植株与上位植株赛跑的话，可以看得出，下位植株有明显的"启动优势"，而上位植株有更强的"爆发力"。为什么这么说呢？因为在植株生长早期处于弱势的上位植株，其长势在开花前的一段时间内就超过了下位植株。这说明在自然条件下，上位植株在个体发育的中后期会有一个短暂的生长潜力暴发期，以弥补植株早期的生长延缓，从而增强了上位植株的繁殖成功率，对保证种群稳定的延续有着重要的贡献。

意大利苍耳种子这种"两面下注"策略，增加了适合植物种子萌发的时空范围。试想，如果所有种子都采取下位种子快速萌发的策略，当受到不利环境的胁迫时，种群就会遭到灾难性的破坏；相反，如果所有种子都采取上位种子延迟萌发的策略，虽然种群可能避免逆境条件，但不能尽快占领有利的生态位，也就减少了种群的生存机会。就植株发展空间而言，上、下位种子错时萌发，植株不同步生长发育，也为意大利苍耳充分利用空间创造了条件，可以减小上、下位植株之间的种内空间竞争。

狐狸尾巴藏不住

在文学作品中，苍耳常常被作为一种浪迹天涯、命运凄惨的象征。例如，在长篇小说《苍耳》中，一个姑娘由于小时候不幸被拐卖到偏远山村，后来便开始了命运坎坷、受尽欺凌的生活，如同一颗被遗弃的苍耳，再也无法掌握自己的命运。

但是，现实中的意大利苍耳却完全相反，它凭借着顽强的适应力和强大的繁殖力，在世界各地不断扩张自己的版图。

长篇小说《苍耳》

意大利苍耳是我国近年来扩散速度较快的外来入侵植物之一。它之所以能够快速扩散，与其自身的生物学特性和人为因素是密不可分的。由于意大利苍耳在我国呈间断性的分

沿海港口

粘在衣裤上的
意大利苍耳

布格局,因此它很可能是多次、多途径传入的。

意大利苍耳从北美洲跨越太平洋来到我国,不可能是靠风力、水流等自然力量所能完成的,而一定是随交通工具或货物被无意引入的。可以肯定的是,地区间的贸易活动是导致意大利苍耳入侵我国的一个关键因素。意大利苍耳最早传入北京就是随进口的农副产品或其包装物携带传入的。目前,意大利苍耳在北美洲、南美洲、欧洲、亚洲和大洋洲的20多个国家和地区都有分布,这些国家均与我国有广泛的贸易往来,更增加了其入侵我国的概率。

近年来,我国各地海关多次截获了意大利苍耳的种子,如2007年广东省中山口岸从日本的旧履带式挖掘机上截获了意大利苍耳种子;2008年秦皇岛海关从进口的大豆等农产品的货物中检测到了意大利苍耳的种子,等等。因此,加大货物进口的主要通道如沿海港口、机场等区域的监测力度,是将意大利苍耳等外来入侵植物阻断在国门之外的一个必要的措施。

意大利苍耳在我国各地的扩散则与人类的活动密切相关。它的传播途径主要有两种,一是通过自身的扩散能力向周围空间做短程扩散;二是借助

加大对重点区域如港口、机场、旅游区等地点的监测力度,以预防意大利苍耳进一步扩散

?!

于某些媒介进行距离较长的扩散,而且可以是跳跃式的,特别是通过动物和人类的携带而扩散。目前,意大利苍耳在我国的主要入侵地均位于人类活动频繁的地区。因此,我们必须加大对旅游景区、大中城市工厂厂区、高校校区等人类活动频繁的地区的监测力度,对入侵的意大利苍耳采取早期根除措施。

化学防除
意大利苍耳

凡从国外进口的粮食或引进种子,以及国内各地调运的旱地作物种子,要严格检疫,查获的意大利苍耳应集中处理并销毁,杜绝传播。

在意大利苍耳发生地区,应调换没有其混杂的种子播种。采收作物种子时应进行田间选择,选出的种子要单独脱粒和储藏。有意大利苍耳发生的农田,可在其开花时彻底将它销毁,连续进行2～3年,以便根除。另外,秋冬季节要将意大利苍耳的植株,特别是果实,集中焚烧或销毁。

看来,在农作物播种、种植、收获、运输等过程中,想要查清它们中间是否混入了潜伏的"敌人",的确是要花一番工夫的。

（倪永明）

深度阅读

刘慧圆,明冠华. 2008. 外来入侵种意大利苍耳的分布现状及防控措施. 生物学通报,43(5): 15-16.

王瑞,万方浩. 2010. 外来入侵植物意大利苍耳在我国适生区预测. 草业学报,19(6): 222-230.

徐海根,强胜. 2011. 中国外来入侵生物. 1-684. 科学出版社.

万方浩,刘全儒,谢明. 2012. 生物入侵: 中国外来入侵植物图鉴. 1-303. 科学出版社.

悬铃木方翅网蝽

Corythucha ciliate (Say)

在我国一些栽种法国梧桐的地方,栽下梧桐树,没有引来金凤凰,却招来了臭名昭著的城市园林害虫——悬铃木方翅网蝽,不仅没有绿荫蔽日,反而是叶枯树死,为害一方。要杜绝这种情况再次发生,人们就必须在引种、调运苗木的时候,严格把好检疫关,防止病虫害的扩散。

悬铃木行道树

行道树之王

　　记得我第一次去上海是在2005年，可能是自己的专业和职业原因吧，给我印象最深的不是具有西方情调的万国建筑群，也不是繁华而现代的上海外滩，而是马路旁那一排排雄伟的行道树——法国梧桐。我长期在北方生活，见惯了北方常见的行道树——国槐，虽然周边也不乏法国梧桐，但像上海那样几乎条条街道两旁都能看到这种高大雄伟的树种还是让我觉得很震撼。可能是修剪方式不一样，上海的悬铃木主干比较短，从主干较低的地方就开始有分权，雄伟中透着婀娜；而北方的悬铃木则是主干笔直高大，分权较少。因此，当我见到如此规整、漂亮的行道树，还是感受到了南方人的精致和优雅。

悬铃木

　　只见这些法国梧桐高达一二十米，树干粗壮，树皮是深灰色的，但有些老化的树皮呈薄片状剥落，露出里面的白绿色的内皮，使树干呈现斑驳的花纹。叶片为三角星状、掌状，面积很大，叶片的边缘有小的尖齿和波状齿。道路两旁的法国梧桐枝丫相互交错，能完全遮挡头顶的炎炎烈日，给路上的行人一片惬意的荫凉。法国梧桐是世界著名的优良庭荫树和行道树，不愧有"行道树之王"的美称。

　　从名字看，法国梧桐似乎是一种梧桐树，但它们和真正的梧桐树竟然没有半点关系。法国梧桐既不是"梧桐"，也不产自"法国"，在植物学上隶属于悬铃木科悬铃木属，因此法国梧桐又叫悬铃木。对我们大多数人来说，悬铃木这个名字似乎比法国梧桐要陌生很多。悬铃木成熟时，雌花系形成球形聚花果，圆圆的，荔枝大小，像小铃铛一样悬挂在枝头，悬铃木可能由此得名吧。如果只有一个"球"生于花枝上，叫一球悬铃木，原产于美国，又叫"美国梧桐"；三球悬铃木则有三个"球"串生在一个花枝上，也就是我们刚才所说的法国梧桐。二球悬铃木是在17世纪的英国牛津用一球和三球悬铃木

二球悬铃木

152

杂交而成,故俗称"英国梧桐"。悬铃木因外形与梧桐相似,早期又是法国人引种到上海法租界作为行道树的,大家也就习惯叫它"法国梧桐"了。悬铃木科只有悬铃木属一个属,该属共有8个种,我国引进的只有上述三种,通称为"法桐"。二球悬铃木具有良好的杂种优势,目前各大城市用作行道树的主要是二球悬铃木。

悬铃木引入我国栽培已有一百多年的历史,因为它树形雄伟,枝叶茂密,适应性强,耐修剪整形,对多种有毒气体抗性较强,并能吸收有害气体,适于用作城市绿化和行道树,故我国从北至南大部分城市都有栽培。北起辽宁、北京、河北,西至甘肃天水、陕西西安,南至江苏、广东、四川,东至山东青岛、上海均有栽种,其中上海、杭州、南京、徐州、青岛、九江、长沙、武汉、郑州、西安等城市栽培的数量较多,而上海、南京、武汉等城市悬铃木占到行道树的七成以上。悬铃木是郑州的市树,也是南京的"母亲树",这里曾拥有多达20万棵法国梧桐树。

不速之客

常言道"栽下梧桐树,引来金凤凰",这是人们的一种美好意愿。可近几年来,在我国大部分栽种法国梧桐的地方,引来的不是金凤凰,却是一种世界性的城市园林害虫——悬铃木方翅网蝽 *Corythucha ciliate*(Say)。这到底是一种什么生物呢?

从中文名字的三个关键词"悬铃木"、"方翅"、"网蝽"上看,我们就可以猜个八九不离十。我们猜测可能是生活在悬铃木上的,长着方形翅膀,翅上有网格的一种蝽类。是的,悬铃木方翅网蝽就是这样一种隶属于半翅目网蝽科网蝽属的昆虫。

在蝽类中,我们熟悉的是一种常见的麻皮蝽,不同

麻皮蝽

长沙爱晚亭

长沙、南京等城市都栽培了很多悬铃木

南京美龄宫

地方叫的名称可能不同,有的叫臭屁虫,有的叫臭大姐,还有叫椿象、臭姑娘等。我小时候最怕这种东西了,因为只要用手触碰它,这种虫子就会散发出难闻的臭味,粘在手上好久都不能散掉。后来才知道这种刺激性的气味是由它的臭腺发出的,而臭腺是半翅目昆虫的特有构造。在成虫中,臭腺一般位于后胸或腹部最前端的地方,臭腺分泌物含有醛类等化学物质,具有趋避作用。悬铃木方翅网蝽也有这样的臭腺,而且在其前胸背板以及前翅上密布稍隆起的网格状的花纹,故名网蝽。另外,大多数半翅目昆虫的前翅一半是革质的、一半是膜质的,而它们的前翅质地均匀,没有膜质部分。

再看其名字中的第二个关键词"悬铃木",这种植物显然是它的寄主植物了。悬铃木方翅网蝽并不贪吃,它们属于寡食性害虫,主要为害悬铃木属植物,包括一球悬铃木、二球悬铃木和三球悬铃木。悬铃木方翅网蝽在美国、加拿大等地的寄主是一球悬铃木;在欧洲的意大利、法国、西班牙、德国、瑞士、奥地利、克罗地亚,亚洲的日本、韩国寄主均为三球悬铃木(法国梧桐);而在我国武汉、宜昌、上海、郑州等地,该虫主要为害二球悬铃木。除了悬铃木外,悬铃木方翅网蝽还为害桑科的构树、胡桃科的小糙皮山核桃、杜鹃花科的桂属植物、木樨科的白蜡树和槭树科的桐叶槭等。

白蜡树

"方翅"这个关键词描述的是悬铃木方翅网蝽成虫的翅形特点。和其他半翅目昆虫一样,悬铃木方翅网蝽在个体发育上也属于不完全变态中的渐变态,也就是说一生经过卵期、幼虫期和成虫期三个阶段,其中幼虫期与成虫期在形态等方面非常相似,因此它们的幼虫通称为若虫。

悬铃木方翅网蝽成虫长度为4毫米左右,身体从背面看大致为乳白色,但如果把它们翻转过来,就可以看到它们身体腹面是黑色的。身体背面前部是发达的盔状的头兜,后面是乳白色的带网格的

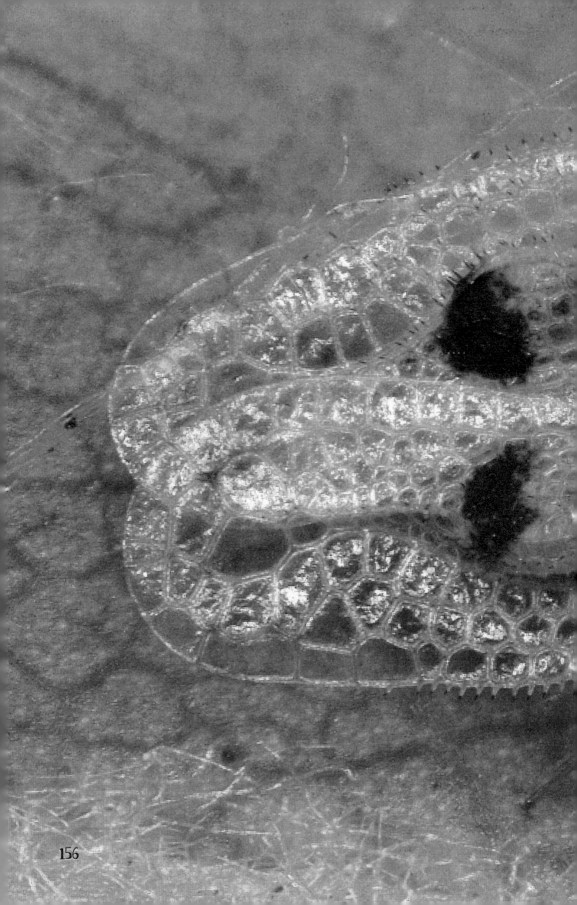

悬铃木方翅网蝽成虫

悬铃木方翅网蝽
黑色的身体腹面

翅，翅的基部左右两侧各有一个明显的黑色斑点，从背面看就像披了一袭洁白的网状婚纱。前翅明显超过腹部末端，在静止时前翅近长方形，前缘较平直，只有端部圆钝，故称"方翅"，这也是悬铃木方翅网蝽名字的由来了。

悬铃木方翅网蝽并不是我国的土著物种，它们最早只分布在北美洲的中、东部，尤其是在美国和加拿大东部地区广泛分布，是那里的原住民。由于悬铃木方翅网蝽繁殖能力很强，传播速度也比较快，现在已冲出北美洲，走向全世界。

1960年，悬铃木方翅网蝽首先传入欧洲意大利威尼斯周边一带，14年后，也就是到1974年时已经蔓延到了意大利的整个北部和中部地区。1970年传入南斯拉夫，1974～1975年传入法国，1976年传入匈牙利，1980年传入西班牙，之后又光顾了欧洲中南部的10多个国家。到了1990年，悬铃木方翅网蝽再次回到美洲，只不过这次旅游的地方是南美洲的智利；1996年开拓了新的大陆，进入亚洲版图，传到韩国；2001年传入日本。2006年进入大洋洲，传入澳大利亚的新南威尔士。至此，原来仅在北美洲分布的一个物种，在几十年的时间内，遍布了世界的五大洲。

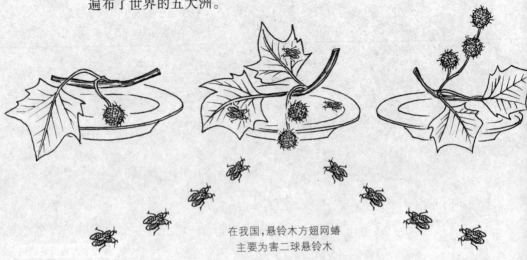

在我国，悬铃木方翅网蝽
主要为害二球悬铃木

158

我国科学家在武汉最早确认了悬铃木方翅网蝽的为害

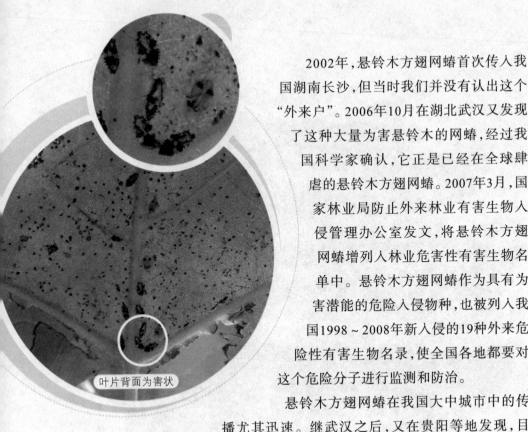
叶片背面为害状

2002年，悬铃木方翅网蝽首次传入我国湖南长沙，但当时我们并没有认出这个"外来户"。2006年10月在湖北武汉又发现了这种大量为害悬铃木的网蝽，经过我国科学家确认，它正是已经在全球肆虐的悬铃木方翅网蝽。2007年3月，国家林业局防止外来林业有害生物入侵管理办公室发文，将悬铃木方翅网蝽增列入林业危害性有害生物名单中。悬铃木方翅网蝽作为具有为害潜能的危险入侵物种，也被列入我国1998～2008年新入侵的19种外来危险性有害生物名录，使全国各地都要对这个危险分子进行监测和防治。

悬铃木方翅网蝽在我国大中城市中的传播尤其迅速。继武汉之后，又在贵阳等地发现，目前已扩张到上海、杭州、南京、扬州、重庆、长沙、武汉、宜昌、十堰、襄阳、荆门、荆州、郑州、贵阳、泰安、济宁、济南、定州、北京等20余个城市，其中在长江流域已形成暴发态势，并迅速蔓延。据科学家预测，我国西南、华南、华中、华北的大部分地区都适合悬铃木方翅网蝽的生存，悬铃木最北分布区能达到大连、北京和太原一线，很多地区都有可能是悬铃木方翅网蝽进行地盘扩张的下一个目标。

生活揭秘

悬铃木方翅网蝽在美国、意大利、日本等地区一年发生2～3代，多为3代，但在上海、武汉等地1年可发生5代。让我们走进它们的生活，看看它们如何度过一年的春夏秋冬。

和其他昆虫一样，悬铃木方翅网蝽在每年春天惊蛰之后就开始蠢蠢欲动。4月上旬，悬铃木开始发出新叶，躲藏了一个冬天的越冬成虫也从树干翘皮中爬出来,沿主干向上移动,寻找食物,补充营养,开始上树为害。雌成虫在叶片上取食 2～3 天后,开始交配、产卵,这时大约为4月下旬。5 月上旬第1代若虫就孵化出来了,若虫共有5个龄期,第一个世代从卵发育到成虫大约需要70天左右。夏天是悬铃木方翅网蝽的好日子,7～8 月间雨水较频繁,高温、高湿的天气很适合悬铃木方翅网蝽的繁殖,而温暖干燥的天气有利于它们为害,这个时期完成一个世代的发育就只需要30多天,一个夏季它们可以繁衍几代,所以世代重叠现象明显,从第2代后就开始出现世代重叠。秋天到来,悬铃木的叶子逐渐枯黄,在寒冷到来之前的10月中旬,第5代成虫也开始沿树干向下爬行,钻入悬铃木主干和支干的翘皮内或树皮缝隙中,或者藏身于地面枯枝落叶以及树冠下的绿篱中躲过寒冷的冬天。越冬时成虫常背面朝向树干静伏于开裂的树皮内侧,一块开裂的树皮可容纳多头越冬成虫。悬铃木方翅网蝽在悬铃木叶片上饱食7个月之后,终于可以休养生息,在树皮中静静等待下一个春季的到来。

具体到一个家庭的繁衍,它是由一对雌雄成虫在一个叶片的叶背上开始的。成虫繁殖能力非常强,雌虫在叶背产卵,产卵的位置一般在叶脉的分叉处或叶脉的两侧,每只成虫能产200～300个卵。卵长0.4毫米左右、宽0.2毫米,顶部有卵盖,卵盖椭圆形,乳白色,往往几十个卵堆成一小堆。雌虫产卵前先用产卵器在叶脉附近四处打探,等选定风水宝地后,就伸出尾部针管一样的产卵器,产卵器向下深入刺破叶肉,2分钟就可以产下1 粒卵,而且每次只产 1粒。产下的卵会斜插入叶肉中或叶脉的侧面,从而达到固定的作用;遇到比较薄的叶片时,卵常常会穿透叶片。孵化时,初孵若虫将卵盖顶开,缓

叶片正面为害状

慢钻出卵壳。这时的若虫身体白色稍透明,眼为红色。整个虫体钻出卵壳时虫体是仰卧的,几分钟后就开始寻找出生后的第一餐。若虫取食后虫体由白色渐渐变成了绿色,最后整个虫体变为墨绿色。若虫体形似成虫,椭圆形,但无翅,共有5个龄期,每蜕一次皮进入下一个龄期。蜕下来的皮仍粘在叶片上,貌似活体若虫一样。若虫活动能力弱,尤其是1~3龄若虫行动缓慢,一般在固定处聚集成群,第4龄后才逐渐活跃,分散迁移到新叶上刺吸植物汁液。

成虫飞行能力不强,主要靠爬行活动,受惊扰时才飞动。成虫发育成熟后一般会寻找没有受害的叶片,也喜欢在新展的叶片上产卵,所以随着世代递增和危害的加重,悬铃木叶片受害总体趋势是由下层向上发展的。老叶多整张发白枯黄且垂挂下来,而且会比其他正常叶片提前落叶。

累累罪行

在我国的外来入侵物种中,悬铃木方翅网蝽算是一个新成员,非常"年轻",从名不见经传,到近几年的声名鹊起,只用了六七年的时间。那它都有哪些"战绩",纳了什么"投名状",最终使它们脱颖而出呢?

和其他半翅目昆虫相似,悬铃木方翅网蝽也有像针头一样的嘴巴——刺吸式口器,这就是它们行走江湖的利器了。平时这根"吸

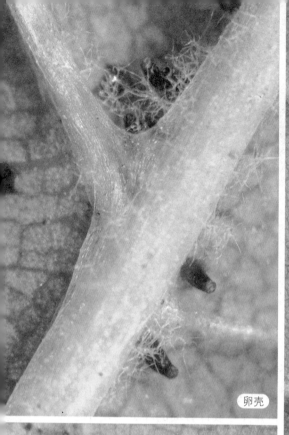

卵壳

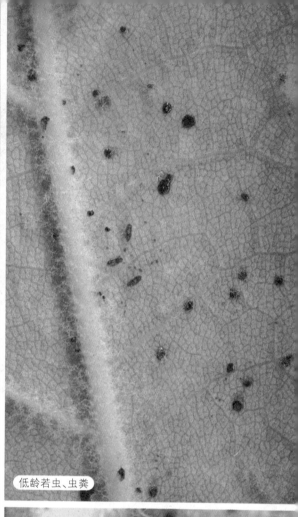

不同龄期的若虫

低龄若虫、虫粪

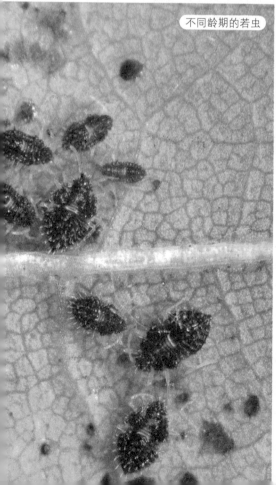

5龄若虫

163

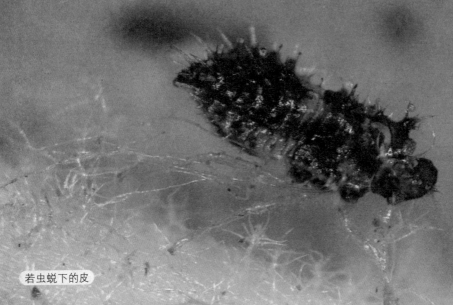

若虫蜕下的皮

管"贴在身体腹面，一旦遇到可口的食物，比如悬铃木叶片，它们就会搬出这个武器，使口针与身体垂直，一边爬行一边用口针触探叶片，把针头刺入叶子里，尽情地吸食起汁液来。它们似乎对食物比较挑剔，有时探寻食物的时间可达30分钟。或许背面的叶子比较好吃，也或许担心自己被发现，悬铃木方翅网蝽的成虫和若虫行动非常隐蔽，通常都会藏在树冠底层叶子的背面进食，尤其喜欢靠近叶柄的三角区域。受害叶片会在它们刺吸的部位形成黄白色褪绿的斑点，并逐渐发展成青铜色。受害叶片从正面看来，有许多密集的白色斑点，叶背面则出现黑褐色的锈色斑。它们还有个不良习惯，就是"边吃边拉"，往往会在叶片上留下大量黑色水渍状的排泄物。悬铃木方翅网蝽吸食汁液导致叶片组织失水，为害严重时叶片变黄枯萎，从而抑制了悬铃木的光合作用，最终导致叶片过早凋落，影响植株正常生长，以至树木生长中断，直到树势衰弱死亡。

悬铃木叶片枯黄脱落，不但严重影响景观效果，给我国的城市生态和园林植物带来很大的负面影响，随处飘落的虫叶还给居民以及城市环卫带来极大的困扰和麻烦。在欧洲南部，悬铃木是许多公园和露天咖啡馆的遮荫树种。因此，当人们坐在悬铃木树荫下休闲、放松时，如果经常遭到落叶及这种虫子的侵扰，那是多么令人扫兴的事。

另外，被悬铃木方翅网蝽吸食过的叶片很容易遭受一些病菌的侵袭，比如法国梧桐炭疽病菌、甘薯长喙壳菌、悬铃木溃疡病菌等就非常容易侵染悬铃木，这可能是由于叶片上的刺吸伤口使一些植物真菌可以趁虚而入的缘故。虫害和病害的双重打击，降低了悬铃木的树势并会导致其死亡。

更为棘手的是，悬铃木方翅网蝽一旦传入到新的地区，就能形成相当稳定的高密度种群，成为悬铃木上的常发性主要害虫，而且难以控制。悬铃木方翅网蝽具有生活周期短、繁殖能力强、越冬场所隐蔽、适生范围广、耐低温（最低存活温度为−12.2℃）等"优点"，而且它们还非常易于扩散和蔓延。

悬铃木方翅网蝽的扩散方式主要有两种：主动扩散和人为远距离传播。由于成虫翅比较纤弱，在大多数情况下喜欢爬行，飞行能力不强，一般不作长距离飞行，但可借助风力迁移几千米，然后再作近距离传播。这可能是悬铃木方翅网蝽传入到一个新的地区后，短期内快速扩散的主要原因之一。长距离的传播主要是通过人类活动实现。人为调运带虫的苗木或带皮原木是其远距离传播的主要方式。因此，在交通便利或物流频繁地区悬铃木方翅网蝽为害更为严重。它们的扩散地主要位于大城市及其周边地区和国道、省道和高速公路附近。各种交通工具，如卡车、巴士等，均可携带成虫、若虫，帮助其扩散。目前已经查明，悬铃木方翅网蝽从北美洲传入意大利时，是以船只为载体的。

卡车

行道树保卫战

我国大部分城市栽种的行道树都有大面积单一物种聚集的特点，这就为悬铃木方翅网蝽的发生创造了得天独厚的条件。我国悬铃木方翅网蝽的为害也主要集中在城市的行道树上，而较少发生在自然环境中的悬铃木上。成排、成片的悬铃木危害明显重于单株植株。另外，悬铃木树体高大，树冠层层叠叠，这些也为悬铃木方翅网蝽的防治带来了不少的麻烦。尽管如此，我们还是

麻雀

蚂蚁

草蛉幼虫

悬铃木方翅网蝽的天敌

要想尽一切办法,取得这场行道树保卫战的胜利。

对于政府及相关部门来说,要严格按照植物检疫的规定,在引种审批和苗木调运检疫时要严格把关。在所有植物中,悬铃木方翅网蝽成虫明显偏爱在悬铃木而不在其他植物上产卵,而它们也只能在一球悬铃木、二球悬铃木、三球悬铃木上完成完整的发育世代。所以,首先要限制从悬铃木方翅网蝽的疫区引种调入悬铃木,如果发现来自疫区的悬铃木及运载工具,一定要就地销毁或进行熏蒸处理;其次,还要防患于未然,做好对疫区相邻地区的虫情监测与防治工作,对来自非疫区的悬铃木苗木、树木等也要进行检查,一旦发现疫情,立即销毁处理。

在自然界中,能捕食悬铃木方翅网蝽的天敌共有20多种,主要是蜘蛛和蚂蚁及其他捕食性昆虫,比如宁明红螯蛛、白条跳蛛、矛形球蛛、史氏盘腹蚁、拟原姬蝽、希姬蝽、日本通草蛉、普通草蛉和小花蝽属的昆虫等,这些捕食性天敌都喜欢以悬铃木方翅网蝽为食。在悬铃木树干上经常可以看到这样的情景:三五群的蚂蚁不停地在树上忙来忙去,把藏在树翘皮缝中的悬铃木方翅网蝽越冬成虫搬入树下的蚂蚁巢穴中。在秋冬季节,一些留鸟如麻雀等也会将方翅网蝽作为觅食对象。另外,一些天敌病原生物如白僵菌、蜡蚧轮枝菌、粉拟青霉以及一些病毒、线虫等则可以使悬铃木方翅网蝽致病。目前,人们还发现有的寄生蜂可以寄生在悬铃木方翅网蝽的卵中。尽管这些天敌在一定程度上制约了悬铃木方翅网蝽的暴发，但它们的发生时间与悬铃木方翅网蝽的繁衍盛期并不完全同步，所以自然控制能力比较弱，防治效果不是特别明显。而悬铃木方翅网蝽能够在入侵地频繁暴发，很可能与天敌的控制不力有很大的关系。

清除悬铃木方翅网蝽的虫源非常重要。春季刚出来活动的悬铃木方翅网蝽对降雨敏感，可在春季浇水时对树冠虫叶进行冲刷，也可以在秋季冲刷树冠来减少越冬虫量。由于悬铃木方翅网蝽主要在悬铃木树皮内或落叶中越冬，秋季常用的一种措施是把树干涂白，这样不但可以阻碍它爬入树皮缝中越冬，对那些已躲在树皮底下的个体也有一定的杀灭作用。另一种措施是刮除疏松的树皮层并及时收集、销毁落地虫叶，也可减少悬铃木方翅网蝽的越冬数量。悬铃木不要修剪过于频繁，经常性修剪会使悬铃木在春季和夏季长出新叶，反而为悬铃木方翅网蝽提供了足够的营养，增加它们的种群数量和繁衍代数。间隔5～6年才修剪的悬铃木，树枝主要形成的是花枝，只有在春季生长新叶，使悬铃木方翅网蝽只能发生春季世代，从而减少了

树干涂白的悬铃木

其他世代的产生。此外,不同品种的悬铃木对悬铃木方翅网蝽的抗性有明显差异,特别是二球悬铃木各品种对悬铃木方翅网蝽的敏感性不同,因此可以开展悬铃木的抗虫品种选育工作。

对于悬铃木方翅网蝽发生比较严重的疫区,主要以化学防治措施为主。化学防治速度快、效果好,能在短时间内控制危害。

化学防治通常采用的方式有树冠喷雾、树干喷雾和树干注射等。树冠喷雾目标是悬铃木方翅网蝽的若虫和刚羽化的成虫。在早上无风时进行高压喷叶,让药液穿透树冠层并湿润叶片下表面与虫体接触。一般间隔7～10天喷一次,根据受害程度连喷2～3次,即可达到防治效果。树干喷雾可以封锁成虫的必经通道和越冬场所。春季刚越冬出来的悬铃木方翅网蝽在爬到树叶之前必然经过树干,而10月下旬成虫下树寻找越冬场所时,树干不但是必经之路,翘起的树皮还是它们藏身的场所,这时用触杀性药剂可以达到很好的效果。

如果考虑减少对环境的影响,也可采

人们可在春、秋两季冲刷树冠来减少虫量

用效果较好、污染较小、用药次数较少的树干注射法进行施药，也就是给树干"打点滴"。树干注射的药剂最好是内吸性水剂，而且单株用药量要足够，否则达不到良好的效果。注药孔的多少要因树木大小而定，比如胸径10厘米以下的树可以只打1孔。"打点滴"的方式一般适合1代若虫的防治。

战斗已经打响，究竟是人类技高一筹，还是悬铃木方翅网蝽棋高一着，很快就能见分晓。

（李竹）

外来物种入侵的途径

外来物种入侵的主要途径：有意识引入、无意识引入和自然入侵。有意识引入主要是出于农林牧渔生产、美化环境、生态环境改造与恢复、观赏、作为宠物、药用等方面的需要，但这些物种最后就可能"演变"为入侵物种。无意识引入主要是随贸易、运输、旅游、军队转移、海洋垃圾等人类活动而无意中传入新环境。自然入侵主要是靠物种自身的扩散传播力或借助于自然力而传入。

深度阅读

李传仁,夏文胜,王福莲.2007.悬铃木方翅网蝽在中国的首次发现.动物分类学报,32(4): 944-946.

夏文胜,刘超,董立坤等.2007.悬铃木方翅网蝽的发生与生物学特性.植物保护,33(6):142-145.

王福莲,李传仁,刘万学等.2008.新入侵物种悬铃木方翅网蝽的生物学特性与防治技术研究进展. 林业科学,44(6):138-142.

鞠瑞亭,李博.2010.悬铃木方翅网蝽：一种正在迅速扩张的城市外来入侵害虫.生物多样性, 18(6): 638-646.

纪锐,王宝辉,娄永根.2011.杭州悬铃木方翅网蝽的捕食性天敌种类及日本通草蛉幼虫捕食作用. 中国生物防治学报,27(1): 32-37.

牛蛙

Rana catesbeiana Shaw

我国牛蛙的引入历史虽然较短，但野化个体和种群的出现却十分迅速，显示了极强的入侵和扩散能力，所以一旦牛蛙进入更适宜的生境，并形成高密度的种群，控制其蔓延将十分困难，而且代价高昂。防微杜渐，我们才能把损失降到最低。

蛇蛙大战

如果我问你：蛙能吃蛇吗？你一定会说：你问错了吧，谁都知道，蛇是蛙的天敌呀！当然应该是蛇吃蛙，这不是食物链的典型例子吗？

你回答得很对。不过，我的问题也没有错。在自然界的蛇蛙大战中，蛇也不总是稳操胜券的一方，尤其是对于一种体型硕大的蛙来说，蛙吃蛇并非天方夜谭，而是时常发生的真实故事。在一些池塘边常常会看到这样一幕：

一只墨绿色的大蛙静静地蹲在草丛中的一块大石头旁边，它身上的花纹与水草、光影交织在一起，不易把它从环境中辨别出来。忽然，一条草绿色的小蛇吐着"信子"，在斑驳阴影的掩护下无声无息地爬了过来。当小蛇慢悠悠地爬到这只大蛙附近的时候，说时迟，那时快，大蛙举头后仰并张开下颌，伸出舌头轻轻一挥，扫出了一个180º的弧线，并准确地触到小蛇的尾部，黏滑的舌头迅速翻转，将其尾部包住，接着缩回舌头，把小蛇的尾巴卷入口中。小蛇不甘心这样就成了人家的猎物，便将身体弯曲呈"S"形，竖起蛇头，张嘴去咬蛙的头部。大蛙却满不在乎，用力一吸，像吃面条一样就把小蛇的大部分身体吸进了自己的胃里，只剩下一个蛇头暂时留在嘴的外边。这时，小蛇再没有反抗的能力了，只等着大蛙将它全部吞食。这场惊心动魄的蛇蛙大战以大蛙全胜告终。

看到这里，你也许会说，哦，这种蛙真牛！没错，它的名字就叫"牛蛙"。当然，这是跟你开个玩笑。牛蛙名字的真正来

牛蛙

172

历，是因为雄性鸣声嘹亮，很像牛叫，所以得名。

牛蛙

牛蛙 *Rana catesbeiana* Shaw不是我国原产的物种，它的"老家"在美国东部和加拿大安大略省及魁北克省南部一带，是北美洲最大的蛙类，体长可达12～20厘米，体重可达1千克～2千克。它喜欢栖息在气候温暖、水草繁茂的小型湖泊、永久性池塘、沼泽、水库和缓流中。怎样将它与普通蛙类区分开呢？一般看个头大小就行。牛蛙的外表大体上与其他蛙类相似，但十分粗壮。成体分为头、躯干和四肢三部分，没有颈部和尾巴。灰绿色的头部宽而扁平，近似三角形。雄蛙的咽喉部为黄色，内有声囊。躯干部短而宽大，腹部更显膨大。四肢中前肢较短，有四指，指间无蹼；后肢粗长，有五趾，趾间有蹼相连，蹼达趾端，是其跳跃、游泳的主要器官。有趣的是，牛蛙的肤色随栖息环境的不同常常会有一些变化，一般躯干部背侧及四肢为墨绿色带绿斑，或深浅不一的绿色带有虎斑条纹，腹部为灰白色且有不规则的暗褐色斑纹。牛蛙皮肤表面十分粗糙，除头部及眼前方的皮肤外，其他部位的皮肤都分布有黏液腺，能够分泌黏液润滑皮肤，以利于其进行皮肤呼吸。

牛蛙是两栖动物，但喜水栖，白天常将身体漂浮于水上，仅将头部露出水面，或躲在潮湿阴凉

牛蛙

牛蛙

的地方。　　　　　　　　它有群居的特性,往往是几只或几十只共栖一处,十分热闹。牛蛙是变温动物,体温随环境温度的变化而变化,生长、繁殖活动均受水温变化的影响。每年从11月下旬至翌年3月份,牛蛙便停止活动,进入越冬期,到第二年水温达到10℃以上时才结束冬眠。牛蛙冬眠时间的长短不一,例如,在我国南方沿海省份它的冬眠期仅1个月左右,还有些地方它甚至不冬眠,而在北方它的冬眠期可长达四五个月。

贪吃的"大肚汉"

牛蛙的眼距比较大,不能形成双目视觉,所以对静止的物体似乎总是"视而不见",在自然状况下很少吃静止的食物,但对于活动的物体却十分敏感,善于发现并捕食活动的动物。与众不同的是,它多在夜间摄食,通常隐伏不动,待猎物接近时才突然跃起,翻卷长舌将其捕获。它的后腿肌肉发达,能跳到1米多高,虽然吃不到天鹅肉,捕捉几只飞行的昆虫解解馋还是轻而易举的事。在中国古代神话中,有一种叫饕餮的

商朝饕餮纹觥

174

神兽,据说十分贪吃,最后把自己的身体都吃掉了。与饕餮的贪吃相比,牛蛙毫不逊色。牛蛙食量大,食性广,非常贪婪,几乎可以吞食任何比它个体小的动物,包括昆虫和其他节肢动物、蚯蚓等环节动物、螺类等软体动物,以及小型的鱼类、龟类、鳄类、蛇类、鸟类,甚至小型兽类等多种脊椎动物。此外,它

牛蛙骨骼

不仅捕食其他蛙类和它们的蝌蚪,而且在食物缺乏时也会自相残杀,一般为大蛙吃小蛙,也可能出现年轻健壮的个体攻击衰老个体的现象。更让人匪夷所思的是,不久前,有人在北京紫竹院公园内的荷花池塘内目睹了牛蛙捕食麻雀的场面:一些麻雀正栖落在荷叶上觅食,这时潜伏在一旁的牛蛙悄悄地靠过来,在麻雀惊飞的一霎间,突然跃起,在空中用舌头卷住一只麻雀的翅膀,将其拉入水中淹死,然后借助前肢的帮助吞食了这只麻雀。

牛蛙饱食后,其胃的体积比饥饿时要大10倍以上。它的摄食量一般随季节变化而变化,以7～9月份水温21～30℃时摄食量最大,气候变冷、水温变低时则食

牛蛙太强大,威胁本地蛙类的生存

量下降。饱食后的牛蛙可忍受差不多一年的饥饿而不至于死亡。这主要是由于牛蛙的肝脏贮存了大量肝糖元、脂肪体,并且在饥饿状态下代谢功能也随之降低之故。因此,牛蛙在越冬时,不会因不进食而饿死。

俗话说"虎父无犬子",牛蛙的蝌蚪在进食方面比成体也毫不逊色。刚刚孵出的小蝌蚪在3~4天内不摄食,依靠卵黄囊中的营养供给养料。从5~6天开始以浮游生物和有机碎屑为食,然后逐渐取食藻类、水生植物及浮游生物,也吃水面的昆虫和死鱼等小型脊椎动物的尸体。在摄食浮游生物时,牛蛙蝌蚪口部触及水面,身体与水面约成90°,靠尾部摆动前进,将浮游生物与水一起吸入口腔,而水从鳃孔排出,过滤后的食物则被送入消化道。当发现水面漂浮着动物的尸体等较大型的食物时,牛蛙蝌蚪会游至其斜下方,咬住一小块食物,利用头部的左右摆动将其撕扯下来并吞食。不过,它们只是在晴天取食活动较多,阴天只有当水温高于14℃时才取食,而雨天基本上不取食。

"多子多孙"的家伙

马家窑文化
蛙纹双耳罐

在我国民俗文化中,蛙由于具有产子多、繁殖力强的特点,所以是多子多孙、繁衍不息的象征,尤其是在母系氏族社会生活中具有特殊的地位。在远古时代,先民将蛙作为女性子宫的象征,蛙身上的斑纹则是对女性怀胎的崇拜。蛙崇拜的现象自古至今在很多民间艺术里面都有所表现。

当代著名作家、诺贝尔文学奖得主莫言的小说《蛙》中还有一段极为精彩的描述:"……为什么'蛙'与'娃'同音?为什么婴儿刚出母腹时哭声与蛙的叫声十分相似?为什么我们东北乡的泥娃娃塑像中,有许多怀抱着一只蛙?为什么人类的始祖叫女娲?'娲'与'蛙'同音,这说明人类的始祖是一只大母蛙……"

牛蛙不仅比我国的土著蛙类食量大得多,在"多子多孙"方面也是更胜一筹。

牛蛙成体雌性比雄性的个体大,这是辨别牛蛙雌雄的简易方法之一。一般识别牛蛙的雌雄,常常采用"一听两看"的办法。一听就是听蛙声,雄蛙的叫声十分高亢,雌蛙的叫声则很低沉。"两看"首先是看外表,雄蛙虽然体形比雌蛙要小,但雄蛙的前指非常发达,拇指内侧有一块肿大的"婚瘤",繁殖季节更加明显,背部还有暗绿色和暗褐色的斑点,咽喉部的皮肤呈金黄色,在繁殖季节颜色更深,内有一对带状声囊;而雌蛙前肢拇指内侧没有"婚瘤",咽喉呈白色,有淡褐色的斑点或黑色的斑纹,没有声囊。其次看它们的鼓膜,雄蛙鼓膜的直径比眼睛的直径大得多,二者的比例大约为1.3∶1,而雌蛙二者的大小相差不大。

牛蛙是一年多次产卵的动物,一般可产卵2~4次,也有少数个体仅产1次或能产5次以上。产卵期从每年4月到9月,每次产卵间隔的时间较短,大约为20~30天。一般清明前后水温达到18℃以上即开始产卵,最适产卵水温为24~28℃。雄蛙比雌蛙要早发情1~2周。这时,雄蛙先寻找适宜的场所频繁高声鸣叫求偶,并有追逐雌蛙的行为;雌蛙的发情表现为急躁不安、不摄食,闻声舒展四肢,向雄蛙鸣叫处游泳,或者跳跃着靠拢来,并徘徊依恋于雄蛙周围。然后,它们便开始抱对,雄蛙跳到雌蛙背上,用长有"婚瘤"的前肢紧抱雌蛙腋下,腹部紧贴雌蛙背部,后腿还不时地蹬几下雌蛙的身体。雌蛙驮着雄蛙,在自身腹部肌肉的收缩和雄蛙挤压的协助下,将子宫

莫言的小说《蛙》

牛蛙

里成熟的卵子——通常是2粒卵子并排——从泄殖孔不断地排出体外。在雌蛙排卵的同时，雄蛙后腹部紧贴雌蛙背部，同时射出精子。

它们的精子和卵子是在体外的水中完成受精的。产卵完成后雄蛙才从雌蛙背上下来。牛蛙抱对的时间长短不一，通常为1～2日，有时会长达3日。

牛蛙的卵很小，卵径仅有1毫米左右，呈圆形，卵外包有胶质膜，动物极为黑色，植物极为灰白色。一次产卵持续时间大约为10～30分钟，产卵量一般为4000～5000粒，高的可达8000～10000粒。牛蛙大多在午夜至早晨产卵，有时也会在中午、下午产卵，往往在雷雨过后的两三天出现产卵高峰。卵经产出后，相互以胶质膜连接呈卵群，卵膜吸水膨大，使卵群呈单层片状浮于水面，构成一摊摊不规则的圆盘，称为卵块，可以附着在水生植物丛中。卵块大小依产卵数量而定。卵产出后约30～60分钟，受精卵的动物极全部自动转到朝上位置，而植物极始终朝上的卵则为未受精卵，人们据此可以计算出卵的受精率。而一般来说，牛蛙卵的自然受精率都在90%以上。

牛蛙卵的孵化和水温密切相关。孵化要求的水温为20～31℃，最适水温为25～28℃。在水温为25℃左右时，约5天即可孵化出蝌

防治外来物种入侵的方法

外来物种入侵的防治需要长期坚持"预防为主，综合防治"的方针，要科学、谨慎地对待外来物种的引入，同时保护好本地生态环境，减少人为干扰。在加强检疫和疫情监测的同时，把人工防治、机械防治、农业防治（生物替代法）、化学防治、生物防治等技术措施有机结合起来，控制其扩散速度，从而把其危害控制在最低水平。

人工或机械防治是适时采用人工或机械进行砍除、挖除、捕捞或捕捉等。农业防治是利用翻地等农业方法进行防治，或利用本地物种取代外来入侵物种。化学防治是用化学药剂处理，如用除草剂等杀死外来入侵植物。生物防治是通过引进病原体、昆虫等天敌来控制外来入侵物种，因其具有专一性强、持续时间长、对作物无毒副作用等优点，因此是一种最有希望的方法，越来越引起人们的重视。

蚪。刚孵出的牛蛙蝌蚪具有树枝状的外鳃，这是它们在水中进行呼吸的器官。随着蝌蚪的长大，外鳃逐步消失，后肢先长出，其次才是前肢，在尾部逐渐被自己身体吸收的同时鼓膜形成，口裂逐步加深，延长到鼓膜的下方，舌也愈来愈发达，呼吸器官由鳃而转变为肺，鳃退化，最后变态完成，蝌蚪就变成了具有四肢、没有尾巴的幼蛙登上陆地。蝌蚪变态成为幼蛙所需要的时间通常因气候不同而不同。自然状态下，我国南方一般需要3～6个月，在北方地区需要1年以上才能完成。牛蛙一般1～2龄即可达到性成熟，接着很快就是"子又生孙，孙又生子，子子孙孙无穷匮也"。

入侵的"恶魔"

牛蛙的超强的捕食习性和繁殖能力，使其具备了入侵物种的某些特征。的确，牛蛙是一个极其危险的外来入侵物种，它不仅被世界自然保护联盟入侵物种专家组列为全球100种最具危害的入侵物种之一，也是我国公布的第一批外来入侵物种名单中唯一的脊椎动物。

由于牛蛙具有个体大、易繁殖、易饲养、生长快、适应性强、抗病力强等特点，而且肉质洁白细嫩，营养丰富，尤其是它的后腿肉极为鲜美，被人们视为佳肴珍品，深受世界各国消费者的青睐。牛蛙的体型硕大，外观漂亮，又经常被人们当作宠物饲养。此外，牛蛙的皮可制成皮革，提炼出的牛蛙油可以用作飞机、火箭上精密仪表的润滑剂，因而被广泛地引种和饲养。现在牛蛙的养殖几乎遍及世界各地。

牛蛙最早是于19世纪末前后被引入美国西部加利福尼亚州

馋嘴牛蛙

牛蛙

的，之后逐渐
在美国各地包括夏威
夷在内扩散，并传播到墨西哥，
1916～1917年又出现在古巴。20世纪30～40年
代它先后被引入到加拿大西部和英国，后来扩展
到欧洲的比利时、法国、德国、希腊和意大利，美洲的牙买加、古
巴、巴西、智利、哥伦比亚和委内瑞拉，以及亚洲的日本、韩国等地。
近几十年来，每年全球牛蛙腿的贸易量达数千吨之多。

　　于是，牛蛙所到之处，当地生物多样性都不同程度地遭到了破
坏。人们饲养的牛蛙不仅很容易逃逸至野外，更糟的是，有的人故意
把它们放养到池塘、湖泊、河流和湿地中去。由于牛蛙的食性广泛多
样，个体适应环境的能力强，寿命长，缺乏天敌控制，种群增长极为
迅速，一旦在一个地方建立种群，就很难根除。

　　牛蛙建立了自己的栖息地后，就与本地的蛙类展开了激烈的竞
争。它捕食多种其他蛙类，排挤和强占了它们的栖息地，导致世界许
多地区土著蛙类种群数量严重下降、分布区缩小和局部绝灭，并极
大地破坏了水生生态系统的结构。在美国西部，牛蛙侵占了红腿蛙
的栖息地，导致该种绝灭；在英国，牛蛙吞食了当地的土著种欧洲林
蛙；在日本，牛蛙吞食了当地的红腹蝾螈和日本林蛙，而奇特的是，
它居然对红腹蝾螈体内的河豚毒素具有天然的抵抗力。

　　俗话说"打仗亲兄弟，上阵父子兵"，与牛蛙成体相比，其蝌蚪对
本地蛙的蝌蚪的影响可能更具威胁。它们能与本地蛙的蝌蚪竞争，
减少它们的取食活动，减小变态时的身体大小和变态时的变态比例，
降低它们的存活率。另外，牛蛙的蝌蚪还能释放抑制物质，阻碍本地
蛙的蝌蚪的生长。我国的牛蛙养殖首先开始于日占时期的台湾省，
于1924年从日本引进了500只幼蛙，但没能养殖成功。台湾光复后，

于1951年再度对牛蛙进行引种、繁殖、养殖、放流，最终仍然失败。失败的主要原因是牛蛙的饲料问题没有得到很好的解决。直到1969年，人们发现利用鱼苗及用鸡粪、腐败杂鱼、动物内脏等可以培育出蝇蛆来做牛蛙的饲料，从此牛蛙的饲养者才逐渐增多起来。1984年牛蛙的配合饲料问世，使生产量急剧上升，从而实现牛蛙完全取代本地蛙类的供应市场。

我国大陆的牛蛙养殖则是从1959年开始的。当时古巴赠送给周恩来总理5对牛蛙，首先放在山东进行试养繁殖，1961年推广到全国十几个省市进行试养，但几年之后大多数地方饲养失败，只在厦门取得了成功，并开创了我国牛蛙出口之先河。牛蛙真正在我国推广养殖则是在20世纪80年代以后，从城市到乡村随处可见牛蛙的踪影。进入90年代，牛蛙养殖又形成了一个高潮，配合饲料加淡干鱼成为推动这个高潮的动力。人们主要在菜园、果园、庭院等处开辟水源进行牛蛙的养殖，后来又发展到利用稻田蓄水养殖牛蛙。不过，一直以来，牛蛙的市场价格波动非常剧烈，从而对牛蛙的饲养和逃逸的数量产生了重要的影响。市场价格高时，养殖户的管理也较好，牛蛙逃逸的较少；当市场价格太低时，由

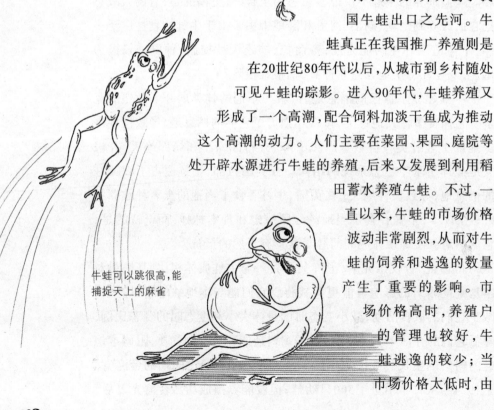

牛蛙可以跳很高，能捕捉天上的麻雀

于无利可图,继续养殖将加大亏损,许多养殖户不仅不再用心管理,使逃跑的牛蛙个体增多,甚至一些养殖户会放弃饲养,将牛蛙丢弃在野外任其自由发展,这些牛蛙逃到野外,成为野生种群形成的主要来源。现在,在我国浙江、四川、云南等地都已经发现了由于养殖时管理不善造成的牛蛙逃逸、人为弃养和有意放生等原因而逐渐形成的牛蛙自然种群。它们在自然环境中成功繁衍并生存下来,对这些地方的土著物种构成了很大的威胁。一些曾经在我国广泛分布的常见种类,如黑斑蛙、金线蛙、虎斑蛙等已很少见到,其原因固然与环境污染、乱捕滥猎等因素有关,而牛蛙的捕食和竞争作用也不可忽视。

在这些地区,牛蛙几乎毫无阻力地实现了对我国土著两栖动物群落和重要农田生态系统的入侵,尤其是中低海拔、温度较高的地区是牛蛙为害的重灾区。当地的华西树蟾、昭觉林蛙、泽蛙、黑斑蛙、滇蛙和饰纹姬蛙等因个体太小,均成为牛蛙捕食的对象。而在高海拔地区,牛蛙竟然可以生活在温泉中,适应能力超出人们的想象。另外,牛蛙的蝌蚪与本地蛙类的蝌蚪往往需要在同一个水体内生长

土著蛙及蝌蚪

滇池蝾螈

和发育,蝌蚪间的生境竞争和食物竞争将不可避免。由于牛蛙的蝌蚪个体大,生长快,在竞争中往往占据优势,而且它们还会捕食其他蛙类的蝌蚪。牛蛙与土著蛙之间的竞争,就好比一个有着坚船利炮的侵略者,进入了用弓箭长矛守卫家园的原始部落。因此,牛蛙的入侵对当地的生物多样性必然产生重大的影响。科学家认为,牛蛙是导致云南滇池内的滇池蝾螈于20世纪80年代初期绝灭和泸沽湖地区无声囊棘蛙种群减少的主要原因之一。牛蛙除了破坏当地生物多样性以外,还有一个特别需要人们关注的问题,就是对我国农业生产安全的威胁。上述已经出现牛蛙入侵的地区,都是我国主要的粮食产区,栖息着多种土著蛙类,如黑斑蛙、泽蛙、沼蛙和姬蛙等,它们主要捕食危害农作物的害虫,是维持农田生态系统稳定、保护农作物的重要因素。但由于个体较小,多数土著蛙类的繁殖季节和产卵生境与牛蛙重叠,被牛蛙捕食的压力越来越大,一旦土著种消失过多,其保护农作物和维持生态平衡的作用将严重丧失。由此可见,牛蛙已间接地威胁到我国的农业生产安全。

世界人民"战"牛蛙

为了防控牛蛙入侵所造成的危害,世界上许多国家已经开始采取措施。日本通过引入一种鲈形目的鱼类,暂时降低了牛蛙的数量,然而这种鲈鱼本身也具有入侵性,所以该方法可能造成更多物种多样性的丧失,风险比较大。1990年荷兰禁止输入牛蛙,避免它们替代本国的蛙类,此后葡萄牙也立法禁止引进牛蛙。英国在1981年通过

牛蛙

的野生动物法规定，
非经环保部门批准，释放任何境
外动物或允许它们逃跑都是违法的。不过，法律并
未能完全阻止牛蛙的入侵。

　　韩国引进和治理牛蛙的过程可能是值得目前各国借鉴的典型
事例之一。1973年韩国政府为了发展养殖业从日本引进10只牛蛙，
由于没有吃牛蛙的习俗，这些牛蛙引进后一直很少有人问津，饲养
者只得将它们放归大自然，让它们自生自灭。没有想到的是，20年之
后，牛蛙的子孙后代已遍布韩国各地的池塘、湖泊和河道。这些呱呱
叫的家伙不仅个体极大，食量更是惊人。韩国本地的蠕虫、昆虫、蛙
类，甚至老鼠都无法填满它们的好胃口，韩国的生态平衡因此受到了
严重的破坏。

牛蛙

为了对付牛蛙,韩国政府只好发出号召,进行全民总动员,不仅要求军队和学生上山下河捕杀牛蛙,还千方百计地鼓励人们多吃牛蛙。一时间,各种各样的牛蛙烹调方式纷纷登场,无论是蒸煮炒炸炖煎熬都有人尝过,而且各地还陆续举办牛蛙食品展,使一向对牛蛙肉不感兴趣的韩国民众终于对其产生了好感,而一些精明的商人则不失时机地采用自动化的生产线来加工牛蛙肉……入侵韩国的牛蛙终于得到了一定程度的控制。

与韩国的情况相比,目前我国大多数地方的牛蛙野化种群仍很小,对我国土著物种和农田生态系统的影响尚处于初级阶段。然而,考虑到我国牛蛙的引入历史虽然较短,但野化个体的出现和种群的发展却十分迅速,显示了极强的入侵和扩散能力,所以一旦牛蛙进入更适宜的生境,并形成高密度的种群,控制其蔓延将十分困难,而且代价高昂。防微杜渐,我们才能把损失降到最低。根据各国对付牛蛙的方法,我们至少有两点可以借鉴:一是建立严格的饲养、运输和餐饮许可证制度,避免有意或无意的人为原因所导致的牛蛙扩散;二是改变传统的牛蛙养殖方式,将圈养和放养两种方式改为仅用圈养一种方式来饲养,尤其是饲养场内必须建立牛蛙的"防逃墙",

韩国首尔

188

其材料可以因地制宜,采用便宜的泥墙、牢固耐用的砖墙,甚至更简单的油毛毡、尼龙薄膜等材料。不管采用什么方法,只要能阻止牛蛙出逃就可以了。

另外,韩国人"全民捉蛙"的做法,也值得我们借鉴。不过,我们应该在牛蛙尚未达到爆发程度的时候就鼓励进行野外的捕捉,从而降低野外牛蛙种群的相对密度,减少它们种群爆发的风险。由于牛蛙的鼓膜明显较大,十分易于鉴别,因此在捕捉时不会造成我国土著蛙类的损失。人们可以针对不同海拔的牛蛙栖息地选择和生活史特征方面的差异,采取不同季节、不同的捕捉方法,人工控制野外牛蛙的数量。在低海拔地区,牛蛙分布广,捕捉成体较为困难,可在蝌蚪变态上陆之前捕捉它们,对高密度的成体或蝌蚪直接用手或用网捕都是非常有效的方法;在中高海拔地区,由于气温较低,牛蛙只能在温泉附近等处生存,所以可以集中在越冬季节捕捉它们。

了解了这些方法,你是不是已经跃跃欲试,准备去田野里捕捉一些牛蛙,然后美餐一顿呢?

（李湘涛）

深度阅读

李振宇,解焱. 2002. **中国外来入侵种**. 1-211. 中国林业出版社.

李成,谢锋. 2004. **牛蛙入侵新案例与管理对策分析**. 应用与环境生物学报, 10(1) : 095-098.

武正军,王彦平,李义明. 2004. **浙江东部牛蛙的自然种群及潜在危害**. 生物多样性, 12(4): 441-446.

徐正浩,陈为民. 2008. **杭州地区外来入侵生物的鉴别特征及防治**. 1-189. 浙江大学出版社.

徐海根,强胜. 2011. **中国外来入侵生物**. 1-684. 科学出版社.

环境保护部自然生态保护司. 2012. **中国自然环境入侵生物**. 1-174. 中国环境科学出版社.

摄影者

李湘涛　杨红珍　李　竹　徐景先　黄满荣
杨　静　倪永明　张昌盛　华海燕　夏晓飞
殷学波　王　莹　韩蒙燕　刘海明　刘　昭
刘全儒　黄珍友　张桂芬　张词祖　张　斌
梁智生　黄焕华　黄国华　王国全　王竹红
黄罗卿　杜　洋　王源超　叶文武　王　旭
杨　钤　蔡瑞娜　刘小侠　徐　进　杨　青
李秀玲　徐晔春　华国军　赵良成　谢　磊
王　辰　丁　凡　周忠实　刘　彪　年　磊
于　雷　赵　琦　庄晓颇